喚醒青春荷爾蒙

啟動身體抗老機制，打造不發胖體質

若さホルモンが太らない体をつくる!

40代からの大敵「内臓脂肪」、「副腎疲労」を消す習慣

上符正志 著

連雪雅 譯

前言
「讓腎上腺變健康」——打造不發胖的青春體質

《喚醒青春荷爾蒙：啟動身體抗老機制，打造不發胖體質》——本書的書名直接揭露中壯年者最關心的「瘦身」及「抗老化」（抗加齡）問題。

因為我們體內有和青春有關的荷爾蒙，**不僅能「變瘦」，還能「保持青春」，活得「健康有活力」**。

尤其是過了四十歲，**「奇蹟的青春荷爾蒙」脂聯素（adiponectin）與「回春荷爾蒙」DHEA**變得格外重要。

脂聯素可燃燒脂肪，保持血管年輕，是打造不發胖、不疲累，也就是**「青春體質」的必需荷爾蒙**。

ＤＨＥＡ可說是體內年齡的指標，**透過強力抗氧化作用抑制老化**。

但是，對青春如此重要的荷爾蒙卻有兩個強敵——「內臟脂肪積存」與「腎上腺疲勞」。四十幾歲正值壯年的人可得當心。

腹部突出的「中年發福」是內臟脂肪的象徵。若腹部囤積過多的內臟脂肪，脂聯素分泌量會下降。

腎上腺疲勞，簡言之就是**「怎麼睡還是累的慢性疲勞」**。

腎上腺是位於腎臟上方的小臟器，負責非常重要的作用，例如保護身體免受壓力傷害、分泌ＤＨＥＡ等。

可是，現代人因長期承受強大工作壓力，導致腎上腺疲累不堪，減少ＤＨＥＡ分泌。此外，如同「壓力肥」一詞，壓力與內臟脂肪積存也有很大關係。

總之，**「讓腎上腺變健康」**有助於分泌對青春很重要的荷爾蒙，**是打造「不發胖、常保青春」體質的捷徑**。

本書以我專長的「抗老化醫療」為基礎，向各位介紹具體方法。

◎增加脂聯素分泌，**「吃板豆腐」**很有效。

◎促進DHEA產生，**「鍛鍊大腿肌肉」**很有效。
◎消除腎上腺疲勞，**「聰明攝取維生素C」**是最佳方法。

日本女演員風吹純過了四十五歲，因腎上腺疲勞而煩惱不已。

當時風吹女士來到我的診所，說她感到極度疲勞，甚至動了「乾脆退出演藝圈」的念頭。

後來，她實踐本書介紹的**「讓腎上腺變健康」的習慣**，目前已完全恢復往日的活力，積極樂觀面對變老這件事。

關於風吹女士至今仍在實踐的健康習慣，請參閱第3章。

若本書能幫助各位獲得**「理想的健康力」**，身為作者的我將感到無比榮幸。

上符正志

第1章 消除中壯年強敵「內臟脂肪」的習慣

第2章

利用荷爾蒙消除「現有老化」的習慣

第3章

知名女演員親身實踐！中壯年開始培養的健康習慣

第4章 40歲起培養「打造不發胖體質」的飲食習慣

第5章 「常保青春」的健康習慣

第 1 章

消除中壯年強敵「內臟脂肪」的習慣

增加青春荷爾蒙「脂聯素」的生活方式

對四十多歲的壯年人來說，青春大敵就是體內容易囤積的「內臟脂肪」。

過了三十歲，肌肉量會開始減少，「代謝」也跟著下降。

代謝是指在體內利用從食物攝取的能量或營養素。代謝功能若下降，體內就容易囤積內臟脂肪。

內臟脂肪原本是「有助身體的脂肪」，除了是日常活動的能量來源，還有固定內臟、減緩外部衝擊到內臟的作用。

然而，**過度囤積的內臟脂肪會作亂，成為青春的頭號大敵**。

上腹部突出的人請留意，這代表你的體內已經布滿內臟脂肪。即使是「體型偏瘦」的人也不能掉以輕心。

為何體內囤積太多內臟脂肪，就會變成青春的頭號大敵呢？

「青春荷爾蒙」脂聯素的神奇效力

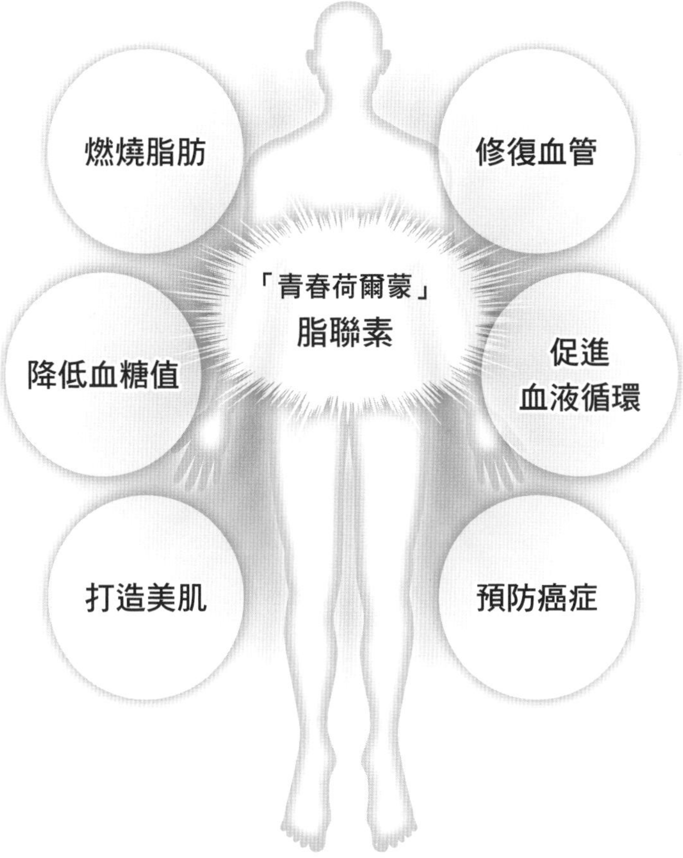

打造「不發胖、不疲累的青春體質」！

答案只有一個。因為**燃燒脂肪、創造青春的荷爾蒙「脂聯素」分泌量會減少**。

換言之，內臟脂肪隨時可能啟動體內的「老化時鐘」，讓身體失去年輕活力。

脂聯素順著血流循環全身，調節脂肪和糖的代謝，也有抑制血管老化的作用。

「燃燒脂肪」「產生活動能量」「讓血管變年輕」等作用，使我們擁有**「不發胖」「不疲累」「常保青春」的體質**。

脂聯素還能預防手腳冰冷和水腫，也有很棒的美肌效果。它能促進體內合成玻尿酸，讓肌膚水潤、緊實、有彈性，可說是使身心常保年輕的**「神奇青春荷爾蒙」**。

脂聯素是由儲存脂肪的脂肪細胞所分泌。

全身三十七兆個細胞當中，脂肪細胞多達三百億個。那些細胞團（脂肪組織）形成內臟脂肪與皮下脂肪。

內臟脂肪主要依附在小腸及大腸的腸繫膜。皮下脂肪則是依附在皮膚下。

當內臟脂肪厚度增加，就會妨礙脂聯素分泌。

因此，**「如何預防內臟脂肪過度囤積」「如何減少過度囤積的內臟脂肪」**，是保持、恢復青春的關鍵。

「內臟脂肪」是怎樣的脂肪？

內臟脂肪是男性較多的體脂肪之一。體脂肪是儲存在體內的脂肪總稱。內臟脂肪造成的鮪魚肚是**中年男性「發福」的代名詞**。

男性的活動力大於女性，能量消耗較快，因此必須快速存取能量。**內臟脂肪有「容易囤積、消耗」**的特性。

當然，女性腹部也會囤積內臟脂肪，但在女性荷爾蒙（雌激素）的作用下，內臟脂肪的儲存受到抑制，造成多數脂肪儲存在皮膚下成為皮下脂肪。女性停經後，女性荷爾蒙分泌量減少，內臟脂肪才開始增加。

相較於歐美人，**日本人的內臟脂肪比例較高**，身體儲存皮下脂肪的能力較低，過多的脂肪為了尋求儲存處，於是集中在內臟周圍。

脂肪細胞的大小通常是其他細胞的數倍至數十倍。

內臟脂肪造成的肥胖稱為**「內臟脂肪型肥胖」**。因為是以腹部為中心發胖的體型，亦稱「蘋果型肥胖」。

另一方面，皮下脂肪藉由女性荷爾蒙的作用，容易囤積在女性身體。雖然全身都有，但主要儲存於腰腹部、臀部和大腿等下半身，以及手臂。因為是以備不時之需而**長期儲存的能量，皮下脂肪很難消除**。當然，男性也會囤積皮下脂肪。相撲選手的肚子就是被皮下脂肪包覆的肌肉。

皮下脂肪有維持體溫、保護子宮和卵巢免受外部衝擊的作用。想要打造美麗的身體曲線，皮下脂肪也扮演重要角色。

皮下脂肪造成的肥胖稱為**「皮下脂肪型肥胖」**。因為下半身變得圓潤豐滿，亦稱「洋梨型肥胖」。

順帶一提，本書所說的脂肪是健康檢查常見的**「中性脂肪（又名三酸甘油酯）」**。除非特別說明，本書一律使用「脂肪」二字。

「腹部突出」「下半身肉感」的差異

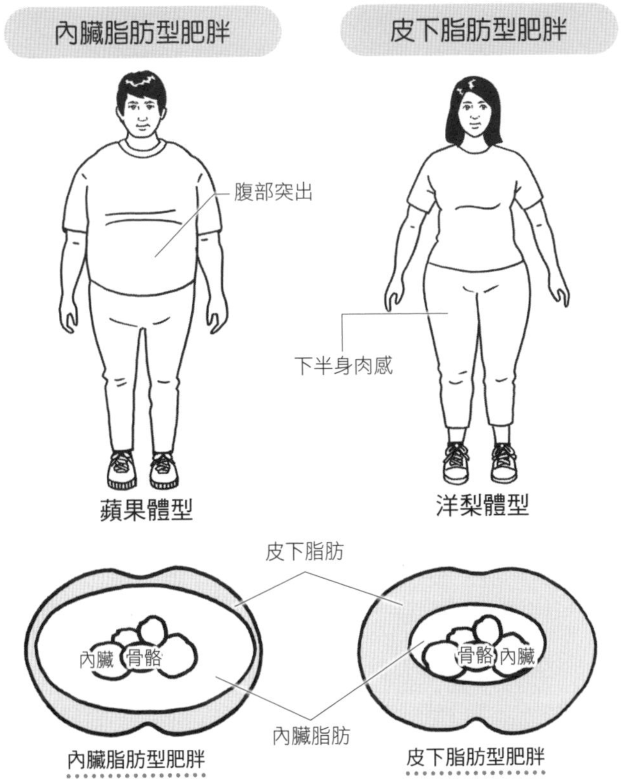

特徵

內臟脂肪	皮下脂肪
容易囤積、容易消除！	不易消除！

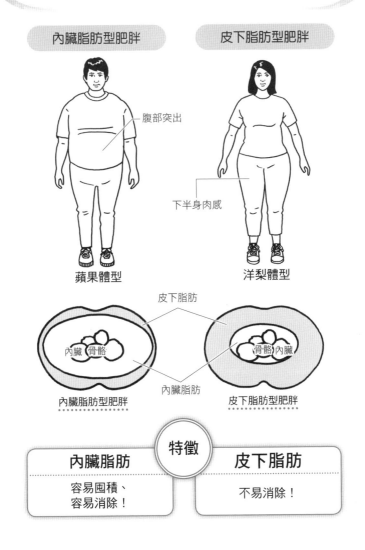

內臟脂肪比皮下脂肪「危險」的理由

腰腹間的內臟脂肪決定了我們二、三十年後的健康。

內臟脂肪帶來的惡果不只是奪走青春，還會**嚴重損害健康**。

接下來為各位逐一說明，究竟會產生什麼惡果。

首先，除了「神奇的青春荷爾蒙」脂聯素分泌量減少，**抑制食欲、預防肥胖的「瘦素（Leptin）」**分泌量也會減少。

其次，罹患**代謝症候群（metabolic syndrome）**的風險會大幅提高。代謝症候群是指「內臟脂肪積聚」，加上有「高血壓」「脂質異常」「高血糖」其中兩種症狀的狀態。

此外，內臟脂肪也是動脈硬化、腦中風（腦梗塞或腦出血）、心肌梗塞、糖尿病、癌症等**生活習慣病發病的起因**。

因為內臟脂肪分泌的有害物質會造成「血糖值或血壓上升」「血液變黏稠」「胰島素功能變差（胰島素阻抗）」。

胰島素功能變差後，胰臟會更努力分泌胰島素。高濃度胰島素會促使**癌細胞增生**，提高大腸癌、肝臟癌、胰臟癌、腎臟癌、子宮內膜癌、乳癌的發病機率。

阿茲海默症也跟內臟脂肪與胰島素有關。內臟脂肪分泌的有害物質會凝聚「β-類澱粉蛋白（beta-amyloid）」。這種蛋白質會破壞大腦神經細胞。

胰島素有分解β-類澱粉蛋白、保護神經細胞的作用，但在發生胰島素阻抗的狀態下，效用下降，進而破壞神經細胞。

骨質疏鬆症有時也是過度增加的內臟脂肪所致。尋求新儲存處的內臟脂肪積留於骨中，使骨骼變弱。

內臟脂肪甚至會壓迫腸子、膀胱和血管，造成便祕、頻尿、畏寒和水腫，也會對脊椎造成負擔，引起腰痛。

只是稍微列舉，就能知道**內臟脂肪對健康大有影響**。

那麼，女性體內較多的皮下脂肪又是如何呢？

皮下脂肪過度囤積會產生老化問題，或是造成心臟、膝蓋的負擔，但不會引發**代謝症狀群和生活習慣病**。

除了卵巢，皮下脂肪也能製造女性荷爾蒙。

停經後，即使卵巢不再分泌女性荷爾蒙，皮下脂肪仍會持續分泌。雖然量不多，依然可讓內臟脂肪不易囤積，預防代謝症候群和生活習慣病。

不過，女性荷爾蒙分泌期間越長，罹患乳癌的風險便相對提高。若皮下脂肪過度囤積，使得女性荷爾蒙分泌量變多，**可能會引發乳癌**，這點請各位務必記住。

儘管令人恐懼不安，皮下脂肪並不像內臟脂肪會分泌許多有害物質。**與生活習慣病有關的只有內臟脂肪**。

而且，只要減少容易消除的內臟脂肪，難以消除的皮下脂肪自然會跟著消除。

「體脂率30％」是青春的分歧點

那麼，如何判斷內臟脂肪是否「過度囤積」呢？基準就是**「體脂率」**，即體內脂肪的比率。

經常使用體脂計測量很重要。

「女性超過30％」「男性超過25％」——**當體脂率達到這個範圍，表示內臟脂肪過度囤積**。這個數值是日本厚生勞動省制定的肥胖指標。

目前廣為人知的「BMI（身體質量指數）」是衡量肥胖程度的國際標準指標，計算方式是體重（公斤）除以身高（公尺）的平方。理想值是22，25以上視為肥胖。因此，BMI25相當於「女性30％」「男性25％」的體脂率。

女性數值較高是因為身體為了懷孕生產，必須先將能量儲存為體脂肪，以保護子宮免受外部衝擊，體脂肪也是構成乳房的組織，所以女性體質本來就容易囤積皮下脂肪。

體脂率標準值是「女性20～25％」「男性10～20％」。

無論男女，**體脂率超過30％，「青春荷爾蒙」脂聯素分泌量就會減少**。

體脂率在標準值以下為偏瘦型，但這不表示「低就是健康」。因為體脂肪過低，會增加不孕的風險。而且體脂肪會分泌脂聯素等生理活性物質、調節體溫、保護內臟等，負責數個對身體很重要的作用。

因此，對女性來說，體脂率在20％以下會擾亂月經週期，若是10％左右，卵巢將無法正常運作，阻礙生育。男性低於10％，身體也難以維持健康狀態。

目標是「不讓體重比二十多歲時增加一成以上」

為了降低罹患代謝症候群的風險，必須減少內臟脂肪。

除了經常檢視體脂率，還要控制體重，**「不讓體重比二十多歲時增加一成以上」**。

現在的體重比二十多歲時「增加一成以上」的人請留意，這表示體內的內臟脂肪過度囤積。

另外，**腹圍在標準值（日本男性85公分、日本女性90公分）以下**也很重要。

內臟脂肪有多少，用體脂計就能測量出大概數值。若想精準測量，必須到醫院進行腹部電腦斷層掃描（ＣＴ掃描）的檢查。拍攝腹部的橫切面，測量影像上的脂肪面積（請參閱第22頁）。

無論男女，脂肪面積超過１００平方公分即判定為罹患代謝症候群。

腹圍標準值是脂肪面積１００平方公分的人的腰圍平均值。

相較於歐美女性的89公分，日本女性的90公分算是相當寬鬆的數值。

事實上，腰圍90公分的日本女性並不多。這麼寬鬆的數值可能導致代謝症候群的誤判，因此專家普遍認為**「80公分才適當」**。WHO（世界衛生組織）建議的標準值也是男性84公分、女性80公分。

但是體型因人而異，**比起數值，以身高的一半為基準或許比較適當**。一旦腹圍超過這個基準，就要自覺是危險的內臟脂肪型肥胖。

內臟脂肪面積超過100平方公分，脂聯素分泌量就會減少。

筆者的診所也有進行內臟脂肪面積測量、脂聯素分泌量檢查。內臟脂肪面積正常範圍是**男性40～60平方公分、女性20前後～30平方公分**。脂聯素分泌量標準值是男女皆為7微克（μg／ml）。1微克是0．001毫克。

根據患者的檢查結果，內臟脂肪面積與脂聯素分泌量呈反比。以下為各位介紹幾個案例。

邁入更年期的A女士身高153公分、體重46公斤、BMI19．7，體型略瘦。

「體脂率」是老化的表徵？

你的「體脂率」沒問題嗎？

男性 20%	過低	正常	注意	過高
女性 25%	過低	正常	注意	過高

5　10　15　20　25　30（%）

危險警戒（男性 25%）

危險警戒（女性 30%）

你的「腹圍」沒問題嗎？

男性 85cm

超過這個數值
表示內臟脂肪
過度囤積！

女性 90cm

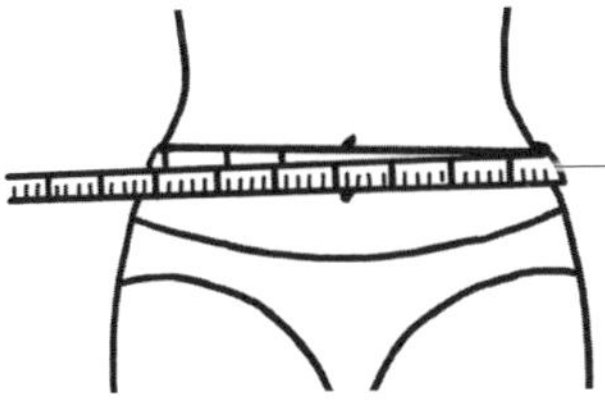

※體型因人而異，建議以「身高的一半」當作基準值。

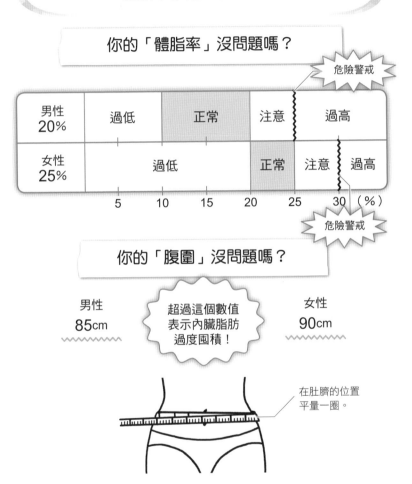

檢測結果，受到女性荷爾蒙降低的影響，內臟脂肪面積是列入警戒範圍的34平方公分。脂聯素分泌量和內臟脂肪量呈反比，是偏低的6．7微克。她的聲音細弱，且缺乏活力。

70歲的B先生身高179公分、體重90公斤，身材高大，看起來卻很蒼老。果然，他的內臟脂肪面積是118平方公分，脂聯素分泌量為偏低的2．7微克。

40多歲、經營事業的C先生是特殊案例。他因容易疲倦來看診。

C先生身高176公分、體重79公斤，體格壯碩。雖然內臟脂肪面積是正常範圍的36平方公分，脂聯素分泌量卻是警戒範圍的6微克左右。他原本就是分泌量低的類型。

於是我指導他進行**增加脂聯素的生活習慣，一年後，他的脂聯素提升至超過標準值的8微克**。

決定青春的關鍵，果然是內臟脂肪量。

保持適當體脂率、預防及改善代謝症候群是讓身體變年輕的捷徑。

過了三十歲，體脂率上升正是內臟脂肪增加所致。從BMI無法得知內臟脂肪的多寡。**比起體重，更應重視體脂率**。

體脂率是老化的表徵。讓體脂率維持在標準值內，高血壓、脂質異常、高血糖的症狀就會恢復正常。

「水果」會增加內臟脂肪

內臟脂肪會**反映出生活習慣**。

「常吃零食」「有吃宵夜的習慣」「吃東西速度快」「愛吃甜食」「常喝酒」「常開車」「久坐」等，只要有其中一項習慣，你的體內就容易囤積內臟脂肪。

不當飲食或運動不足等不良習慣必須改善，但最迫切的是停止「吸菸」與「飲酒過量」。

「吸菸能預防肥胖，如果戒菸就會變胖」，這種說法是天大的誤解。吸菸反而會對糖和脂質代謝產生不良影響，是**內臟脂肪增加的原因**。

女性吸菸會讓女性荷爾蒙作用變差，增加內臟脂肪，還會提高血壓、脂質、血糖值。

飲酒也會增加內臟脂肪。儘管酒精不含脂質，但**經肝臟分解後會合成中性脂肪**。

此外，**女性要特別注意當作美容食材的水果**。所謂「早上吃水果是金，中午吃是銀，晚上吃是銅」。吃水果有適合與不適合的時間，早上吃最理想，**晚上最好別吃**。

水果的果糖是即效性能量來源。感到疲累、做完激烈運動或是空腹時吃，馬上就能轉換為能量使用。

但是，「晚餐後的水果」在胃裡和其他食材混在一起就會失去即效性，變成多餘能量儲存為內臟脂肪。

晚餐後非活動時段，身體不太動，所以未被使用的能量會轉而儲存在體內。

果糖在肝臟會被轉換為中性脂肪，再加上含有卡路里（熱量），所以**水果其實是容易增加內臟脂肪的食物**。

為什麼壓力大的人多半有鮪魚肚？

如同**「壓力肥」**這個名詞所示，肥胖與壓力有關。從最新研究得知，壓力不只會增加體重，**和內臟脂肪積存也有很大關係**。

面對強大壓力，腎臟上方的臟器「腎上腺」會分泌對抗壓力的荷爾蒙**「皮質醇」**。承受壓力時，分泌量會增加，故亦稱為**「壓力荷爾蒙」**。

腎上腺會分泌五十種以上維持生命的必需荷爾蒙，皮質醇就是其中之一，除了精神壓力，也會對抗因睡眠不足、飲食混亂、空氣汙染等讓身體發炎的壓力。

為了對抗壓力，皮質醇會上升，讓血液中的糖不斷增加。血糖上升後，促使胰島素分泌。胰島素將多餘的糖**轉換為中性脂肪，被脂肪細胞不斷吸收**。

據說體重越重的人，皮質醇分泌量越多，腹部會積存內臟脂肪。

內臟脂肪是反映生活習慣的脂肪，我認為**壓力造成的影響應該更大**。

其實，內臟脂肪的製造來自**腎上腺與幕後黑手皮質醇的共犯關係**。

面臨壓力時，皮質醇分泌增加，促進葡萄糖生成，以增強身體的生理功能，並應付壓力。

皮質醇會先用光肝臟儲存的糖。如果仍無法消除壓力，肌肉就成了供給來源。於是，肌肉逐漸消瘦。

內臟脂肪增加的機制也是如此。

皮質醇若持續分泌，胰島素分泌量也會增加，導致肌肉減少，內臟脂肪不斷積存。還有報告指出，吃太多甜食或零食會誘發皮質醇分泌。

巨大的壓力會讓腎上腺過度運作而陷入疲勞，進而抑制皮質醇分泌。這麼一來，身體會受到壓力的打擊，出現各種不適症狀。

雖然皮質醇過度分泌令人困擾，但若**腎上腺發生疲勞也是個問題**。由於壓力難以阻斷，對付內臟脂肪的捷徑就是**保養腎上腺，維持正常功能**。保養方法請參閱第3章。

「腎上腺健康」就不會老！不會胖！

「腎上腺」是什麼？

重量僅3g的
小臟器

分泌「對抗壓力」「防禦壓力」等50種以上的荷爾蒙！

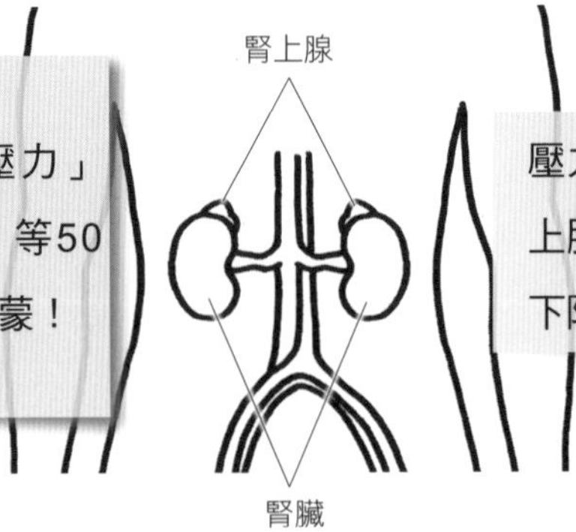

壓力太大會使腎上腺疲乏、功能下降！

「皮質醇」是什麼？

- ⊙ 感受到壓力後，由腎上腺分泌。
- ⊙ 提高血糖值或血壓，準備活動。
- ⊙ 抑制發炎。
- ⊙ 調整免疫。
- ⊙ 產生活性氧，加速老化。

血糖值上升與內臟脂肪積存有關！

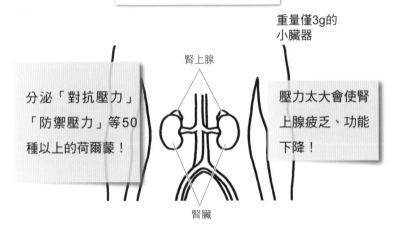

喚醒體內的「瘦身機制」

內臟脂肪會因為肌肉減少、代謝變差而增加。

也就是說，能量攝取量與消耗量失衡，從食物中攝取的能量超出消耗量，多餘的能量就會被儲存為脂肪。

能量消耗分為「基礎代謝」和「活動代謝」。

基礎代謝是呼吸及調節體溫等維持生命活動所消耗的能量。

活動代謝是日常生活及運動等消耗的能量。

兩種都會隨著老化而下降，**對青春而言，重要的是基礎代謝**。

基礎代謝占**總消耗能量的6～7成**。能量被肌肉或肝臟等內臟消耗，睡眠期間仍持續使用。肌肉是指骨骼肌，這是支撐身體、依自身意志活動的肌肉。

基礎代謝是每個人體內都有的「瘦身機制」。

只要提高基礎代謝力，就能擁有「容易燃燒體脂肪的易瘦體質」。

反之，若代謝力下降，就會變成「不易燃燒體脂肪的易胖體質」。

在此請教各位一個問題：人體內消耗最多能量的肌肉是哪裡呢？

答案是**大腿肌肉**（股四頭肌）。

那麼，肌肉量與基礎代謝有什麼關係呢？當大腿肌肉減少，就會降低能量消耗，變成**容易囤積內臟脂肪的體質**。

肌肉量從30歲左右開始減少，**每年減少1%**。可怕的是，隨著年齡增長，明顯退化的就是大腿肌肉。據說到了60歲，已減少至25歲巔峰期的6成。

未充分使用能量的身體容易疲累，逐漸失去年輕活力。

「想變瘦」的人通常**攝取能量偏低，出現營養不足的情況**。為了變瘦，過度在意卡路里（熱量），使飲食品質變差，而且為了壓抑空腹感，常吃易有飽足感的醣類、脂質食物，維持代謝功能的必需營養素，如維生素B群等，反倒不足。

減少能量攝取後，身體為了節省能量也會減少消耗量。

這麼一來，體內具備的**「瘦身機制」便淪為無用武之地**。

鍛鍊「肌肉」——讓肌膚與頭髮快速變年輕

肌肉與**肌膚的年輕與否**有關。

水潤緊實的肌膚是血液循環良好所致。若血液循環變差，就會產生乾燥肌膚、皺紋、色斑、暗沉、粉刺等問題。解決問題的**關鍵在於肌肉**。

肌肉會製造身體熱能（產熱）。天冷時，為了提高體溫，身體會發抖，震動肌肉製造熱能。

肌肉量減少、基礎代謝降低，產熱能力就會變差，體溫跟著下降。身體為了防止體溫下降，收縮血管減少血流量，防止熱能散失。

遍布體內的血管中，99％是由粗血管分支出來的微血管。血液經由微血管將氧氣和營養運送至全身。

當血流停滯，微血管便無法將氧氣和營養送往末端皮膚。

氧氣和營養不足的皮膚開始出狀況。

血液循環不良也會導致**髮量稀疏或白髮**。

畏寒也是血液循環不良所致。微血管運送一定溫度的血液維持體溫。當手腳末梢的血液循環變差，手腳表面溫度下降，身體就會感到寒冷。

微血管數量在二十多歲時最多，之後隨著年齡增長而減少。

但是別擔心！透過運動**增強肌肉、促進血液循環，就能預防及改善**。因為肌肉增強後需要氧氣，所以身體會製造新的微血管。

基礎代謝能幫助身體回春。無論幾歲，請**培養超齡程度的基礎代謝力**。

這一點也不困難，提升基礎代謝力在日常生活中輕鬆就能做到。重點是「飲食」和「運動」。

接下來，本書將介紹如何透過飲食和運動，**打造「不發胖體質」**。透過提升基礎代謝，**使身體在無負擔的狀態下消除內臟脂肪**，進而讓「神奇的青春荷爾蒙」脂聯素正常分泌，打造不發胖、常保青春的體質。

「紅鮭＋米飯」——打造「不發胖體質」的飲食

那麼，什麼是打造「不發胖體質」的飲食呢？

最有效的祕訣就是**「活用維生素B群」**。

維生素B群有助代謝，可提高「瘦身效果」。**肥胖體型的人特別需要這種飲食方法**。

維生素B_1又稱**「消除疲勞維生素」**。因為「身體容易疲累＝易胖體質」，若缺乏維生素B_1，無法製造能量，就會變成易胖體質。

紅鮭搭配米飯是理想組合。這樣吃可促進醣類代謝，既不會變成內臟脂肪，又能妥善利用能量。

維生素B_1可從糙米、蕎麥、豬、雞（雞柳、雞腿、雞肝）、紅鮭、鯖魚等青皮魚、納豆等大豆加工品、毛豆中充分攝取。

由於維生素B_1無法積存於體內，因此每天透過飲食補充很重要。

大蒜、蔥、洋蔥、韭菜等具有特殊氣味（二烯丙基二硫，diallyl disulfide）的食物也很棒，可提升維生素B_1的效用，也能延長其在體內滯留的時間。

維生素B_2可**去除過氧化脂質，抑制壞膽固醇增加**。

如果吃太多油膩食物，可大量攝取富含維生素B_2的食物，好好修復身體。

富含維生素B_2的食物有豬肝、雞肝、青皮魚、蛋、酪梨、舞菇、乾香菇、納豆等。缺乏維生素B_2會導致「油性肌膚」，所以請積極攝取。

維生素B_6是**預防代謝症候群的必需維生素**，能有效代謝蛋白質，避免成為內臟脂肪。

富含維生素B_6的食物有牛肝、豬肝、雞柳、鮪魚、鰹魚、鮭魚、青皮魚、香蕉、地瓜、大蒜、芝麻等，這些都是強力的支援。

補充水分也是提升代謝的祕訣。

每日建議飲水量是2公升。水分會排出體內老廢物質（營養素殘渣等）。缺乏充足的水分會使老廢物質積留在體內，造成代謝停滯。

維生素B群打造「易瘦體質」！

提升「醣類代謝」！——維生素B_1

1天的必需量 1.2mg

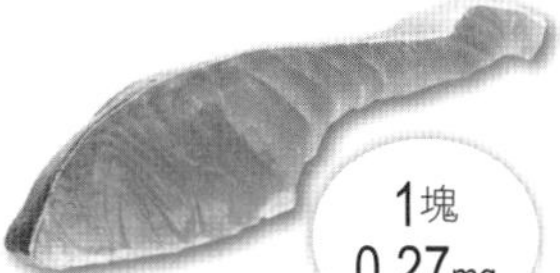

1塊 0.27mg

紅鮭

1盒 0.03mg

納豆

提升「脂質代謝」！——維生素B_2

1天的必需量 1.4mg

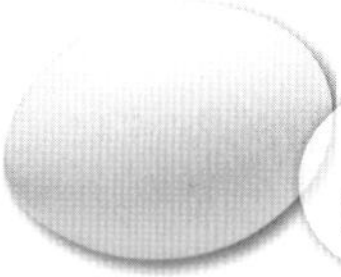

1顆 0.22mg

蛋

1朵 0.02mg

乾香菇

提升「蛋白質代謝」！——維生素B_6

1天的必需量 1.3mg

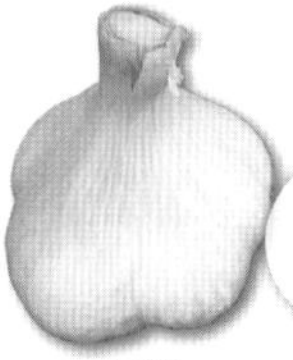

1瓣 0.15mg

大蒜

1大匙 0.06mg

芝麻

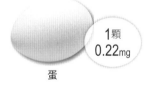

維生素C不足，「青春荷爾蒙」也會不足！

維生素C是打造「不發胖體質」的重要營養素。

當維生素C不足，基礎代謝的引擎——「肌肉」就會劣化。

一般來說，女性和男性的骨骼肌量占體重的3～4成。那些肌肉存在大量維生素C。

近年來，日本東京都健康長壽醫療中心等研究團隊發現，維生素C不足會導致肌肉量下降。

以高齡女性為對象進行調查後得知，**血液中維生素C濃度高的人**在握力或開眼單腳站立、步行速度等方面，擁有**良好的肌力與體能**。此外，攝取維生素C能讓肌肉萎縮、體能下降有所恢復。

維生素C不足，脂聯素也會減少。

維生素C是打造「耐壓體質」不可或缺的維生素。第3章有更進一步的說明。日本厚勞省建議的維生素C一日攝取量是100毫克。

然而，日本人平均攝取量卻未達這個基準。因為要從食物攝取100毫克非常困難。若想達標，反而會攝取過多熱量，增加內臟脂肪。

甜椒（紅、黃）、青椒、綠花椰菜、苦瓜都是富含維生素C的蔬菜。

說到維生素C，通常會想到檸檬，但即使榨成果汁喝，攝取到的量也不多。若要吃水果，奇異果、柿子、草莓都是不錯的選擇。

比起水果，蔬菜更能有效攝取維生素C，這點請各位記住。

最方便的補充來源是綠茶，只要喝五小杯就能攝取30毫克。

近年，全球醫學界對於維生素C攝取量的常識出現了大轉變──「若要從維生素C獲得健康效果，**必須攝取1000毫克（1克）**」。

這是全球醫學界的新常識，是厚勞省建議攝取量的十倍。

這樣的量很難只靠飲食攝取。因此，建議各位活用市售的高濃度維生素C營養補充品，並把厚勞省建議的「100毫克」視為最低值。

但是，為何要攝取1000毫克這麼多呢？

主要理由是，**為了抑制身體老化，維生素C會不斷被消耗**。

以「維持美肌」為例。美麗、有彈性的肌膚需要膠原蛋白，而製造膠原蛋白，預防其劣化的正是維生素C。

本書後段將會提到「內臟脂肪的增加與消除皆取決於腎上腺」的內容。腎上腺是腎臟上方的小臟器，也是體內有最多維生素C之處。

維生素C會增加「青春荷爾蒙」！

富含維生素C的食物

1天的
必需量
最少100mg

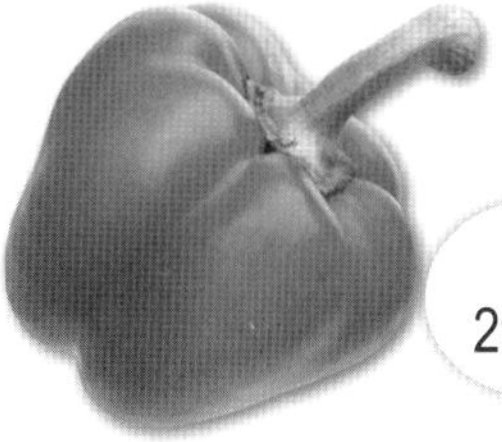

紅椒

綠花椰菜

檸檬（果汁）

維生素C的驚人效用

- ◉ 預防老化。
- ◉ 預防、改善腎上腺疲勞。
- ◉ 打造美肌。
- ◉ 提升免疫力。
- ◉ 改善焦躁情緒、身體不適。
- ◉ 預防癌症。

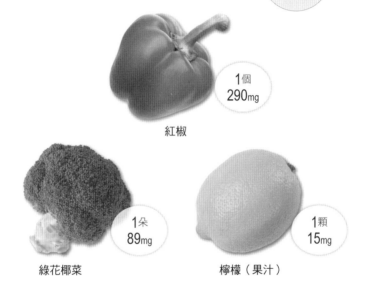

要吃「板豆腐」還是「嫩豆腐」？

接下來終於進入正題——**增加「神奇青春荷爾蒙」脂聯素的飲食方法**。

在此之前，稍微介紹一下脂聯素的驚人效用。

脂聯素目前正受到全球醫學界的關注，因為它被認為具有預防及改善代謝症候群、動脈硬化、高血壓、脂質異常症、糖尿病、癌症等生活習慣病的效果。當分泌量低於一定值，就容易罹患代謝症候群或生活習慣病。

人瑞的脂聯素分泌量多，成為長壽關鍵，所以脂聯素亦稱為**「長壽荷爾蒙」**。

脂肪細胞會分泌一百種以上對身體功能造成莫大影響的荷爾蒙、維生素、礦物質等生理活性物質，脂聯素便是其中之一。它具有防止血管老化、降低血糖值，提高胰島素效用的特質，可預防、改善代謝症候群或生活習慣病。

「擴張血管、降低血壓」「修復受損血管」「預防血管壁增厚或膽固醇附著在血管壁」「增強胰島素效用、降低血糖濃度」——這些都是脂聯素的效用。

一九九六年，日本研究團隊發表了這項引以為傲的研究成果。

增加脂聯素分泌量就能擁有不發胖、常保青春的體質。

脂聯素是由脂肪分泌，但不代表體型胖脂肪多的人分泌力較高。

過度囤積的內臟脂肪會阻礙分泌。當然，脂肪過少的人也無法正常分泌。

既然脂聯素有燃燒脂肪的作用，為何還會過度囤積脂肪呢？

那是因為脂聯素分泌力跟不上飲食攝取能量。**日本人的脂聯素分泌力比歐美人低**也是原因之一。甚至有3～4成的人是天生分泌量少。

讀到這兒，也許有人會有疑問：

「既然如此，為何日本是長壽國家呢？」。

日本人長壽的祕訣在於自古以來的飲食，或者說是生活智慧。日本人從以前就經常攝取增加脂聯素分泌量的食物，克服了弱點。

根據最新研究，β-伴大豆球蛋白（β-Conglycinin）這種**大豆蛋白質的主要成分有增加脂聯素的效果**。

魚

鯖魚

沙丁魚

秋刀魚

蔬菜

小松菜

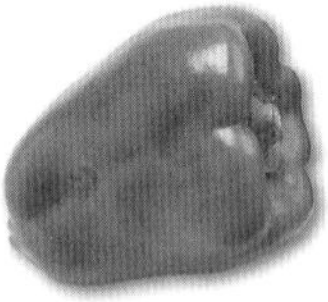

青椒

韭菜

其他

富含與脂聯素相同效用的「植物性蛋白質（Osmotin）」！

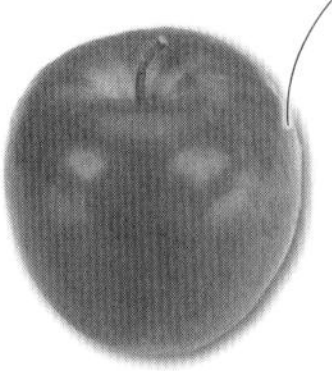

蘋果

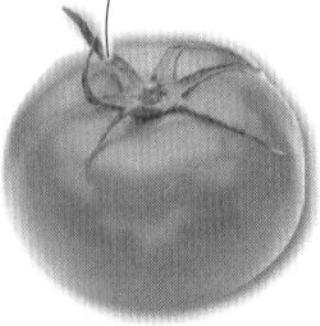

番茄

奇異果

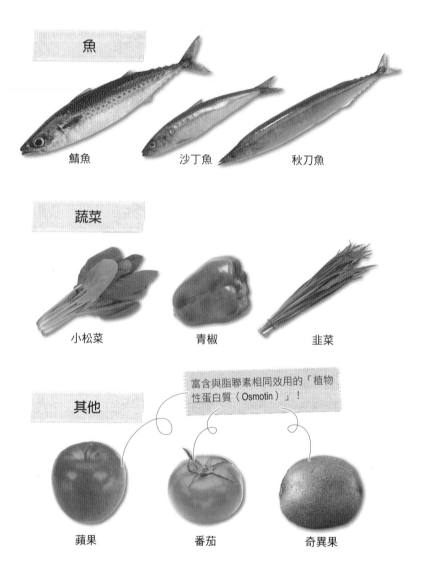

神奇的「青春荷爾蒙」

增加「脂聯素」的食物

大豆加工品

板豆腐

納豆

味噌

用板豆腐和海帶芽煮成的味噌湯是最強組合！

海藻

海帶芽

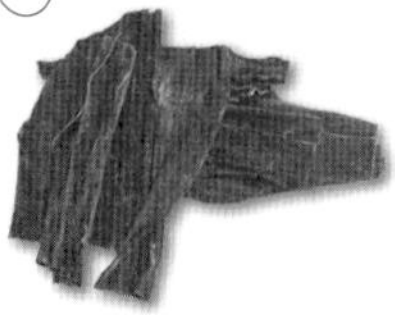

昆布

鹿尾菜

種子類

芝麻

杏仁

腰果

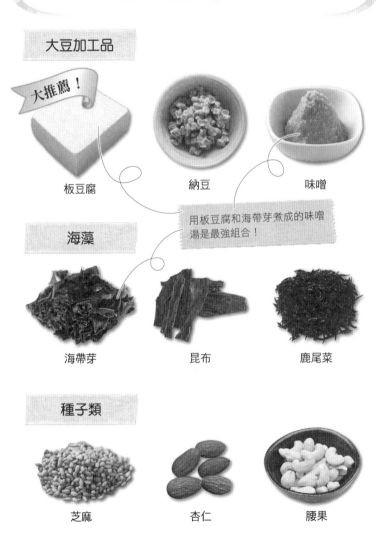

最佳食物是豆腐，**尤其是板豆腐**，可說是「青春之源」的精華。大豆加工品如納豆、味噌、油炸豆皮、豆皮、豆漿等也都攝取得到。

鎂也能促進脂聯素分泌。大豆加工品、海帶芽、昆布、石蓴、鹿尾菜等海藻、小魚乾、蝦米，以及種子類的芝麻、杏仁、腰果等都是富含鎂的食物。

鯖魚、沙丁魚、秋刀魚、竹莢魚所含的不飽和脂肪酸EPA（二十碳五烯酸）也會增加脂聯素分泌量。鮭魚的紅色素蝦紅素（Astacene）也有助於脂聯素分泌。

富含膳食纖維的蔬菜、水果、穀物也有促進分泌的作用。

有研究報告指出，糙米、全麥麵粉、黑麥（裸麥）麵粉、蕎麥等**未精製穀物的膳食纖維可降低糖尿病發病風險**，這是蔬菜及水果沒有的效果。

蘋果、番茄、奇異果所含的植物性蛋白質也能獲得和脂聯素相同的效果。

青椒和馬鈴薯中也有植物性蛋白質。

不過，即使注意飲食，但只要吸菸和飲酒過量，就會讓脂聯素分泌力變差，這點請務必留意。

出乎意料！瘦身祕訣是「不要每天運動」

緊接著是打造「不發胖體質」的運動。

這裡只是簡單聊一下，詳細內容請參閱第5章。

運動時，只要「有意識地使用肌肉」就會提高效果。

不需要進行辛苦的肌力訓練。健走、慢跑、游泳、廣播體操等，像這些能夠確保充分呼吸的有氧運動，**每週進行三～五次，每次約三十分鐘便已足夠**。

「間歇性快走」是打造不發胖體質的基礎運動，建議時間是三十分鐘。懶得做其他運動的人，請務必一試。

以三分鐘為一個段落，「快走五次＋輕鬆走五次」為一組，這樣就能提升代謝，順利消除內臟脂肪。

無法連續走三十分鐘也沒關係，**在一天內分成數次走也可以**。

此外，生活中勤走路、上下樓梯，效果會更好。

如果想做其他運動，「深蹲」或「一分鐘單腳站立」都是不錯的選擇。

單腳站立時，雙眼睜開，以左右腳輪流站立一分鐘。據說這和健走五十分鐘對身體的載重負擔相同。

重點是要持之以恆。每週運動三～五次增加肌肉量，就會提升基礎代謝。

適度運動是好事，但**每天進行肌肉訓練會造成反效果**。

各位應該有過這樣的經驗，做完肌肉訓練的隔天會感到肌肉痠痛。這是肌肉訓練傷害、破壞肌纖維所導致的現象。

做完訓練的隔天讓肌肉休息，損傷的肌肉為了恢復原本狀態會開始自癒。下次做訓練時，因為肌纖維稍微變粗、肌肉量增加，即使身體承受相同重量也撐得住。這個現象叫**「超恢復」**。

如果不讓肌肉休息，在肌肉痠痛狀態下進行訓練，使超恢復受到阻礙，肌肉將不增反減。

原則上**「運動完隔天要休息」**，運動和休息間隔一天持續進行，就會增加肌肉量與肌力。因此無論是快走或深蹲，每週三～五天即可。

養成運動習慣後，明明是「肌肉休息日」卻覺得不能不動一動。這時候就做「伸展操」吧。

慢慢轉動脖子和肩膀，伸展後頸、背脊、手腕、下肢等部位，讓血液循環變好、**提升代謝力**。

不管從幾歲開始，只要持續運動，肌肉和微血管就會增加，功能變好。

另外，建議各位養成用體脂計檢查基礎代謝的習慣。

「看起來瘦，其實很胖」的人

第1章的結尾要和各位談談，內臟脂肪持續增加會變怎樣。最終情況是，60歲過後常見的「肌少型肥胖症（sarcopenic obesity）」。

肌少型肥胖來自希臘語的肌肉（sarco）貧乏（penia）。

雖說是肥胖，但大部分人外表看起來並不胖，**就像肌肉被替換似的，體內囤積過多的皮下脂肪或內臟脂肪**。因為體能下降，將來可能會摔倒、大腿骨折，然後長期臥病在床。

肌少型肥胖者的大腿、皮下與萎縮的肌肉間布滿皮下脂肪。被脂肪包圍的萎縮肌肉是個大問題。近來，這類肌肉引發的危險受到關注。

這個危險是，**肌肉中出現如「霜降」油花的脂肪**。也就是說，脂肪細胞無法進入皮下脂肪和內臟脂肪的脂肪組織中，因而將肌肉當作新的儲存處。

脂肪散布的霜降肌肉稱為**「脂肪肌」**。

越來越多40歲左右的中年世代有脂肪肌。

而且，明明是偏瘦體型，卻有代謝症候群的危險因子，如高血壓、脂質異常或高血糖。**「隱性代謝症候群」**之所以增加，主因就在於脂肪肌。

2016年，日本厚生勞動省研究團隊公布，象徵內臟脂肪積存的腹圍（男性85公分以上、女性90公分以上）與BMI即使未達標準，符合數個危險因子的**「隱性代謝症候群」推估高達914萬人**。

調查結果顯示，罹患隱性代謝症候群的人**以女性居多，為534萬人，男性為380萬人**。代謝症候群預估人數為971萬人，由此可知，隱性代謝症候群所占比例之高。

無論是代謝症候群或隱性代謝症候群，都是內臟脂肪所致。

積存於肌肉的脂肪，醫學上稱為**「異位脂肪（ectopic fat）」**。這是繼皮下脂肪、內臟脂肪的「第三脂肪」。這些無法進入內臟周圍脂肪組織的脂肪，應該算是「失散的內臟脂肪」。

異位脂肪會降低胰島素效用。

肌肉內的脂肪需要進行特殊檢查才能測量，但還是可以自己檢查。

血壓、脂質、血糖值其中一項出現異常，「很少走路」「缺乏體力」「經常攝取高油脂食物」「體脂率和內臟脂肪超標」，特別是「四十歲後突然變胖」，在這些危險因子中若符合數項，就有脂肪肌的疑慮，必須採取因應對策。

預防及改善異位脂肪還是要靠飲食與運動，**尤其是運動**。

雖然內臟脂肪是青春的強敵，但是脂肪肌導致的隱性代謝症候群更令人棘手，甚至有人說**「脂肪肌才是造成身體老化的元凶」**。

只要減重，就能減少罹患代謝症候群的風險，但隱性代謝症候群因為外表看不出來，很難察覺身體正處於生病狀態，所以更可怕。

無論是脂肪肌或脂肪肝，脂聯素都能有效發揮作用，促進脂肪燃燒。

反之，血液中脂聯素濃度低的人，肌肉細胞（肌纖維）內容易積存脂肪。

第 2 章

利用荷爾蒙消除「現有老化」的習慣

「氧化、糖化、荷爾蒙低下」是老化的三大主因

四十歲左右開始出現「體重降不下來」「怎麼睡還是累」「肩頸痠痛」「腰痛」「氣喘吁吁」等不適、異常症狀，並且發現「肌膚乾燥」「出現細紋」「容易長粉刺」等狀況，表示身體**正邁入惱人的「老化」**。

老化是代謝降低，以及身體各功能衰退的現象。細胞無法充分發揮原本作用。內臟脂肪積存或疲勞並非導致老化的直接原因，而是**促使老化的環境**。

那麼，導致老化的原因是什麼呢？

美國抗衰老醫學會將**促使老化的主因**定義為以下7項：

1. 氧化
2. 糖化

3.荷爾蒙下降
4.端粒（Telomere）
5.慢性發炎
6.有害重金屬
7.基因決定

其中，**「氧化」「糖化」「荷爾蒙下降」與老化有著密切關連**。

氧化是「**活性氧**（自由基）」造成的現象。細胞製造能量時會產生活性氧，傷害製造細胞的脂質。

糖化是指**製造身體組織的主要成分蛋白質，因為糖與體溫加熱產生變性**。使得細胞或酵素效用變差，身體各項功能下降。

荷爾蒙下降是指保持青春、增強肌肉的**荷爾蒙分泌量減少**。

本書將針對這三項主因進行詳細說明。

在此之前，簡單說一下剩餘的四項原因。

端粒是細胞內染色體的前端部分，被喻為**「生命回數票」**。細胞會不斷分裂，創造青春細胞。端粒與細胞分裂有著深切關係。

慢性發炎是指因過度日曬、激烈運動、飲酒、吸菸等而造成皮膚或臟器發炎。有害重金屬是不慎進入體內的水銀或鉛。基因決定是指由基因缺陷所引起的早衰症（早年衰老症候群），老化速度比實際年齡來得快。

除了「基因決定」，其他六項皆與日常生活習慣有關。只要重新檢視生活習慣，**稍微努力一下，就能去除這些原因**。

肌肉減少或荷爾蒙分泌下降是伴隨年齡增長出現的身體變化，是身體既有的**「自然老化」**，我們無法阻止。

但是，氧化等因素造成的老化，也就是**「病態老化」，可以像預防、治療感冒那樣去除**。預防老化或是放任不管，全憑個人意志與努力。

「可以阻止」的老化、「無法阻止」的老化

可以阻止！

病態老化

生活習慣或環境影響導致的身體變化。只要去除原因就能恢復年輕！

無法阻止！

自然老化

隨著年齡增長出現的身體變化。透過生活習慣就能改善！

不良的生活習慣也會造成分泌減少

氧化

細胞製造能量時所產生的活性氧會傷害細胞，引起老化。

糖化

蛋白質因為糖與體溫加熱產生變性。細胞效用變差，身體功能下降，引起老化。

荷爾蒙減少

保持青春、增強肌肉的荷爾蒙分泌量在三十歲左右開始減少，加速老化。

其他原因

肌肉減少、視力下降等，雖然可以改善，卻無法阻止。

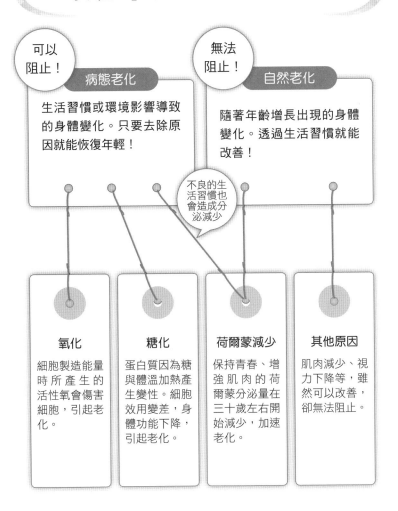

紅、黃、綠三色蔬菜防止「身體生鏽」

活性氧造成的氧化與**近9成的疾病有關**，像是癌症、生活習慣病、花粉症之類的過敏症狀等。

細胞藉由呼吸獲得氧氣以製造能量。這時候，約2％的氧氣會轉變為活性氧。其實，活性氧對身體有正面作用。例如，免疫細胞的白血球透過製造活性氧來殺死侵入體內的病毒或細菌。

只是，**過度產生活性氧，就會惡化成毒素**，氧化皮膚、黏膜、臟器等的細胞，損害其功能，造成「身體生鏽」。這種現象稱為「氧化壓力」。

生鏽的細胞製造能量的能力變差，於是體溫下降，基礎代謝也降低，變成**易胖易累**的體質。

活性氧通常是在身體活動的白天大量產生。只要活著，就無法避免活性氧產生。

身體有消除活性氧的**抗氧化酵素**。維繫生命的心臟存在大量抗氧化酵素輔酶Q10（Coenzyme Q10），也廣泛存在於肝臟、腎臟、胰臟。

最強的抗氧化酵素是分布於肝臟和肌肉的穀胱甘肽（Glutathione）。

全身的細胞內也存在著超氧化物歧化酶（superoxide dismutase，SOD）。

擁有許多酵素的細胞不易癌化。

反之，酵素少的細胞會受損。細胞分裂速度快的細胞特別容易被活性氧破壞。

卵巢、精囊、皮膚、腸等處的黏膜、頭髮、白血球都是目標。

抗氧化酵素的量會隨著年齡增長而減少，**四十歲左右則開始驟減**。

抗氧化酵素是以蛋白質為原料，並借助礦物質鋅而製造出來。鋅是容易缺乏的礦物質，但可從**牡蠣、肝臟**攝取。

從食物吸收抗氧化物質，可以補充身體無法順利製造而缺乏的抗氧化酵素。**抗氧化物質會讓活性氧變得無毒**。

具代表性的抗氧化物質是蔬果富含的**「維生素ACE」**。

維生素A的主要來源為胡蘿蔔、南瓜等**黃綠色蔬菜**。**南瓜**、**杏仁**富含維生素

E。維生素C可從**甜椒（紅、黃）**、**青椒**、**綠花椰菜**等攝取。

若是吃水果，比起有維生素C代名詞的檸檬，草莓、奇異果是更好的選擇。但因為水果會增加內臟脂肪，應避免食用過量。

維生素A會保護細胞膜，維持肌膚健康，對喉嚨及鼻子的黏膜產生作用，消滅細菌。

維生素E會保護細胞膜及細胞核、防止脂質氧化、預防血液中低密度脂蛋白膽固醇（LDL）氧化所引起的動脈硬化。

維生素C存在於細胞外側的體液中，可預防遭受氧化細胞的牽連，憑藉強力抗氧化力迅速去除活性氧。若以棒球做譬喻，維生素A和E就是內野手，維生素C則是外野手。

另外，蔬果含有**多酚**等抗氧化物質。

多酚存在於大部分植物的苦味或色素成分中，具有強烈抗氧化作用，能讓活性氧變成無害物質。

積極攝取抗氧化物質就能減輕活性氧的威脅。

不過，也可以別讓體內產生大量活性氧。

暴飲、暴食、吸菸、激烈運動、壓力是活性氧**五大產生來源**。

身體會將攝取的食物製成能量，吃太多是導致活性氧大量產生的原因。食物在腸道和肝臟分解、解毒的代謝過程中會產生活性氧。例如，炸好放置一段時間的**炸物或炸雞的皮就像是一整塊氧化脂質（過氧化脂質）**，那會產生大量的活性氧。

酒精在肝臟分解時也會產生活性氧。

香菸所含的許多有害物質會隨著煙進入體內，白血球為了去除有害物質就會製造活性氧。煙也含有活性氧之一的過氧化氫。過氧化氫流入血液會傷害細胞。

進行激烈運動會增加呼吸量，產生大量活性氧。

壓力也會製造活性氧。當身體承受壓力陷入緊張狀態，腎臟上方的腎上腺會分泌壓力荷爾蒙皮質醇。

這時候，血管會收縮造成短暫血流不暢。之後，收縮的血管舒張，血液快速流動，產生大量活性氧。

身體接觸到紫外線後，皮膚細胞會製造活性氧，形成色斑或皺紋。此外，紫外線會氧化並破壞構成皮膚的膠原蛋白纖維，使肌膚失去緊實度和彈力。頭髮受損變得乾燥也是紫外線造成的氧化所致。

食品添加物、農藥、空氣汙染、放射線、電磁波等也是產生活性氧的原因。

四十多歲起，「洋芋片」也是大敵！

近年來，糖化被視為**比氧化更危險的加速老化原因**。

糖化是體內多餘的糖（葡萄糖）因體溫加熱，與蛋白質或脂質結合的反應。會產生促進老化的**「AGEs（糖化終產物）」**，加速身體老化。

細胞、荷爾蒙、膠原蛋白等，許多和身體構造或功能有關的重要物質都是由蛋白質構成，細胞膜則是脂質。

攝取太多高醣食物，如米飯或甜食等，充斥在血液中的糖會從血管滲出，與蛋白質或脂質結合後產生AGEs，使細胞失去原本作用。

就像是用麵粉（醣類）和蛋（蛋白質）做成麵糊去煎的鬆餅或大阪燒。如果說氧化是「身體生鏽」，糖化就是**「身體焦化」**。

通常**糖化和氧化是在相互影響的狀態下進行**。

開始糖化後，皮膚、眼、骨骼、臟器等身體各處會出現老化現象，誘發疾病。

膠原蛋白被形容為「肌膚緊實度關鍵」，是人體中最豐富的蛋白質。它若因糖化受到破壞，肌膚就會失去彈力。

血液中也會製造ＡＧＥｓ，透過微血管附著在皮膚細胞，形成色斑或暗沉，讓肌膚失去透明感。

血管或臟器的糖化更加嚴重。

血液中的ＡＧＥｓ會產生活性氧，使血管壁發炎。

發炎會提高動脈硬化的風險，緊接而來的是腦梗塞或心肌梗塞。眼睛部分會引發白內障或視網膜病變，骨骼則是骨質疏鬆症。

阿茲海默症也被認為與大腦的ＡＧＥｓ積存有關。糖尿病患者因為ＡＧＥｓ導致腎臟或眼睛的微血管變得脆弱，容易引發糖尿病併發症。

順帶一提，用於診斷糖尿病的「糖化血色素（ＨｂＡ１ｃ）」數值是紅血球中**有幾％血色素（血紅蛋白）呈現糖化的指標**。６．５％以上就極有可能是糖尿病。

包含零食在內的炸物、炒物、烤物也會製造出ＡＧＥｓ。

肉類、海鮮、麵粉、油等食物只要有醣類、蛋白質、脂質，加熱後就會產生AGEs。**烤色或焦痕越深，AGEs的量就會變多**，這點請務必記住。

從食物進入體內的AGEs有9成會被排出體外，剩下的1成在代謝過程中會進入細胞。儘管所剩不多，但還是別吃太多炸雞、洋芋片。

讓身體焦化的「飯後高血糖」

容易發生糖化的時間是**飯後30分鐘至1小時**。因為血糖值會在飯後30分鐘至1小時內上升。血糖值升高就會產生AGEs。

雖然進食後血糖值會上升，但若是正常狀態，上升速度緩慢，沒多久便恢復至正常值（未滿110毫克/分升）。

然而，有些人平時血糖值正常，飯後卻異常上升。**飯後2小時的血糖值超過「140毫克/分升」**，這就是「飯後高血糖」。

檢查血糖值通常是在空腹時抽血測量，如果在正常值範圍即「沒有異常」，因而忽略了許多飯後高血糖的人。

飯後高血糖過了一段時間也會下降。問題是，**每次進食時就會出現異常高血糖，強化糖化反應**。

總是突然上升的血糖值，促使胰臟分泌大量胰島素後，血糖值又突然下降，恢復至正常值。

將忽升忽降的血糖值畫成曲線圖，會呈現釘鞋鞋釘般的尖銳線條，故在日本被稱為**「血糖值尖峰」**，視為危險警訊。當胰島素發揮作用讓血糖值下降，**血糖會轉換為內臟脂肪儲存於體內**。

飯後高血糖也會發生「胰島素阻抗」，並引發糖尿病、動脈硬化、癌症、失智症等生活習慣病。

比起歐美人，日本人胰島素分泌力較低。胰島素大量消耗，迫使胰臟運作，處於過勞狀態。當然，胰島素量不足，效用也會變差。

飯後高血糖好發於胰島素效用差，無法順利將糖轉換為能量的體質——代謝症候群、糖尿病的人。因為平時血糖值偏高，糖化反應更為強烈。

必須注意的是，**明明不胖卻有高體脂率的「隱性代謝症候群」**。因為肌肉無法讓胰島素好好發揮作用，使得糖代謝力下降。

雖然飯後高血糖令人恐懼，但只要了解血糖上升機制，稍微改善生活習慣，就能恢復正常。請定期確認糖化血色素是否在正常值「5．5」以下。

請留意白米、白糖、小麥粉等「白色食材」

只要活著，我們很難完全預防「糖化」。

但是，可以**將糖化的傷害降到最低**。

重點就是**預防飯後高血糖**。

「細嚼慢嚥，維持八分飽」「飯後做輕微運動」。

記住這兩點，讓「血糖值緩慢上升」。延緩吸收米飯或麵包中高含量的醣類，抑制血糖值驟升。

有的食物會**讓血糖值驟升**或**緩慢上升**。血糖上升快慢的差異以「GI值（升糖指數）」表示。

醣類被分解後變成葡萄糖。將食用純葡萄糖後的血糖上升值設為基準100，再和食用其他食物後的血糖上升值比較，即為此食物的GI值。

許多研究機關都發表過GI值，各有些微差異。根據澳洲雪梨大學的研究：「70以上是高GI食物，56～69是中GI食物，55以下是低GI食物」。

就算記不住每項食物的GI值，只要了解基本原則就沒問題。

白米、麵粉、砂糖等**精製過的白色食材**、**薯條**等是高GI食物。吃了會讓血糖值突然上升，分泌大量胰島素。

白色食物是飯後高血糖的代表性元凶。

中GI食物也會造成胰島素浪費，請務必留意。

最危險的是**含糖量極高的罐裝咖啡**、**運動飲料**、**果汁**等飲品。不需要消化，糖在短時間就會被吸收。

大麥和**黑麥（裸麥）麵粉**是低GI食物，**蔬菜**、**水果**、**海鮮**亦是。但馬鈴薯、西瓜的GI值超過70。

被當作美容聖品的水果要特別小心。雖然除了西瓜和鳳梨等部分水果，其餘都是低GI食物，**但吃太多會變成強化糖化反應的「老化食材」**。

第1章已提過，水果所含「果糖是內臟脂肪積存的原因」。果糖對體溫會立即

透過GI值了解「發胖食物」與「老化食物」

中GI值、高GI值食物會讓飯後血糖值驟升，
變得易胖，加速老化。

		主食	蔬菜	水果
危險	高GI值（70以上）	白米 吐司 甜麵包 烏龍麵 義大利麵	馬鈴薯 薯條 薯泥	草莓果醬
注意	中GI值（56～69）	可頌 貝果 法國麵包 蕎麥麵	南瓜 玉米 地瓜 芋頭	鳳梨 西瓜
安全	低GI值（55以下）	糙米 大麥 全麥義大利麵 全麥麵包	大部分蔬菜	大部分水果

※砂糖、蜂蜜、零食、飲料為高GI值。
※肉類、海鮮、菇類、海藻類為低GI值。

（參考澳洲雪梨大學資料）

產生反應，比起GI值100的葡萄糖，**它會用10倍以上速度糖化蛋白質或脂質，**製造AGEs。

但是，水果所含果糖量並不多，且富含抑制血糖值上升的膳食纖維，適量攝取就不會有問題。

飯後散步15分鐘，有助預防血糖值驟升

「細嚼慢嚥」是預防飯後高血糖的上策。

若吃太快，胰島素來不及發揮作用，血糖值會急速上升。

從蔬菜、菇類、海藻等「富含膳食纖維食物」開始吃，在吃到**高醣米飯或麵包之前，盡量延長進食時間**。

先吃蔬菜、菇類、海藻等，讓膳食纖維包覆腸壁，就能減緩糖分吸收。而且，就算攝取過多糖分，也會**被膳食纖維吸附，變成糞便排出體外**。

維持三餐正常也很重要。如果少吃一餐，進食之後，糖分吸收就會變快，容易引發飯後高血糖。

特別是不吃早餐，血糖波動會格外劇烈，請務必留意。

但是，**「不想吃的時候，不吃也沒關係」**——我是這麼認為的。

這麼說或許會有人覺得和前言自相矛盾，但明明不餓，卻為了預防飯後高血糖而進食，這和吃太多會發生相同情況。

雖然少吃一餐，但下一餐只要「營養均衡，維持八分飽」「花點時間慢慢吃」就可以。

另外，切勿過度減少醣類攝取，這樣做很容易產生飢餓感。

運動可以有效降低血糖值。要預防飯後高血糖，必須做點運動。**飯後15分鐘是關鍵**。

飯後休息讓身體處於不動狀態，升高的血糖值很難降下來。飯後15分鐘，全身的血液集中至腸胃，準備開始消化吸收。這段時間活動身體，血液會流往手腳肌肉，降低腸胃活動。於是，糖分吸收變慢，能抑制飯後高血糖發生。

建議各位飯後做簡單的伸展操或散散步。

「青春荷爾蒙＋6個荷爾蒙」打造青春體質

過了40歲，**「青春存款」**就會逐漸消耗殆盡。

青春存款即「荷爾蒙分泌量」。

人類**「因荷爾蒙成長，因荷爾蒙老化」**。

由此可知，荷爾蒙有多重要。

老化是指細胞再生能力下降，「受損細胞無法馬上恢復原本狀態」。20多歲時，只要攝取充分營養，荷爾蒙就會發揮作用修復細胞。30歲過後，荷爾蒙分泌量開始減少，來不及修復細胞。

到了40多歲，情況變得更糟，因為荷爾蒙分泌量驟減，「青春存款」逐漸被消耗殆盡。

細胞老化早於臟器。細胞老化起於荷爾蒙分泌量下降。

抗老醫學界認為**「荷爾蒙決定體內年齡」**。

荷爾蒙是調控身體成長或運作的微量物質總稱。數量超過100種，由腦垂腺、腎上腺、胰臟、卵巢、精囊等處製造，透過血液循環輸送到身體各處。

肌膚失去緊實或彈力的老化現象、隨著年齡增長變得容易疲累，這些都與「荷爾蒙下降」有著密切關係。

也就是說，**荷爾蒙反應變差就是老化現象**。

除了脂聯素，還有幾個打造青春的荷爾蒙，以下6個格外重要。

- 體內年齡指標的「**DHEA**（去氫皮質酮）」
- 修復身體，增強免疫力的「**生長荷爾蒙**」
- 守護女性身心的「**女性荷爾蒙**」
- 製造肌肉、產生活力的「**男性荷爾蒙**」
- 影響新陳代謝速率的「**甲狀腺荷爾蒙**」
- 提高睡眠力的「**褪黑激素**」

遺憾的是，這6個荷爾蒙也是30歲過後，分泌量就會減少。「自然老化」雖無法阻抗，但不良生活習慣會導致分泌量變得更少，所以也是可以阻止的「病態老化」。

內臟脂肪積存、睡眠不足、激烈運動、吸菸、壓力等，都是造成荷爾蒙分泌減少的主因。

為了打造常保青春的體質，讓創造青春的6個荷爾蒙保持分泌正常很重要。

強力的回春荷爾蒙！增加「DHEA」的方法

接下來為各位逐一說明創造青春的6個荷爾蒙。

製造荷爾蒙以膽固醇為原料，分為3種系統。

體內年齡指標的**「DHEA」**是系統之一的「上游荷爾蒙」。

由腎上腺製造的DHEA可轉換為「男性荷爾蒙」等50多種荷爾蒙。

順帶一提，男性荷爾蒙可轉換為「女性荷爾蒙」。

只要DHEA分泌正常，男性荷爾蒙與女性荷爾蒙就能順利分泌。

健康長壽者血液中DHEA濃度高，所以DHEA又稱**「回春荷爾蒙」**。對抗老化效果來說是很重要的荷爾蒙。

DHEA會發揮多種支援中高年身心的作用。例如「燃燒體脂肪」「細胞再生」「強化肌肉」「增強記憶力」「緩和壓力」「提振精神」「抗氧化作用」「提升免疫力」「預防動脈硬化、糖尿病、心臟病、癌症、失智症、骨質疏鬆症」「提高性欲」等。

與其說是「回春」，應該說是**「青春荷爾蒙」比較適切**。

DHEA分泌巔峰期是20～25歲。女性從30歲左右開始緩慢下降，男性則是35歲後。

DHEA分泌量減少，身體會出現「3種下降」。

1. **肌肉量、肌力下降**……爬樓梯或坡道覺得吃力。經常絆倒，肌肉酸痛。
2. **免疫下降**……變得容易感冒。
3. **熱情下降**……對各種事情提不起興趣。

接近40歲，DHEA分泌力急速衰退。

腹部突出、失眠、酒力變差等，都是DHEA分泌衰退的警訊。

DHEA不耐壓力，承受慢性壓力後，分泌量就會減少。

DHEA和腎上腺製造的皮質醇皆以膽固醇為原料。順序上是**皮質醇優先於DHEA**。

當承受壓力，為了製造皮質醇，會用掉數量有限的膽固醇，**使得DHEA缺乏原料**。

國外可以取得DHEA營養補充品，但在日本，DHEA列為荷爾蒙藥物，只有醫療機關才能使用。

若想增加DHEA分泌量，**針對下半身肌肉進行輕微負重的運動很有效**。

DHEA在**早上的分泌量會增加，上午11點左右到達高峰**。

在這段時間可養成做伸展操、深蹲，或是通勤時在車站上下樓梯的習慣。據說每天運動5～10分鐘有助於提高分泌。

製造DHEA的腎上腺會**消耗大量維生素C**，所以請積極攝取維生素C。

為了避免壓力影響DHEA分泌，與他人愉快交流、投入有興趣的事也很重要。

增加「回春荷爾蒙」DHEA的習慣

1 早上做伸展操

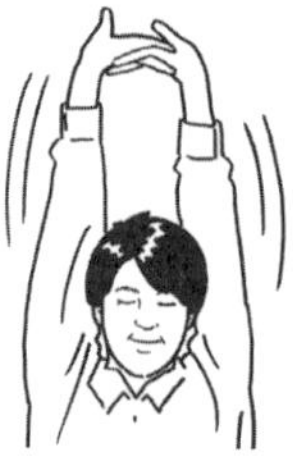

2 間歇性快走

3 睡眠充足

4 攝取維生素C

DHE的驚人效用

- ◉ 燃燒體脂肪。
- ◉ 提高新陳代謝。
- ◉ 強化肌肉。
- ◉ 增強記憶力。
- ◉ 緩和壓力。
- ◉ 阻止氧化。
- ◉ 提升免疫力。
- ◉ 預防動脈硬化、糖尿病、心臟病、癌症、失智症、骨質疏鬆症。
- ◉ 提振精神。

燃燒體脂肪！增加「生長荷爾蒙」的方法

變胖、總是很疲勞、容易感冒、食欲不振、飲食喜好改變、皮膚粗糙、肌肉酸痛等，這些身體不適或異常都是老化徵兆，主要是因腦垂腺分泌的**「生長荷爾蒙」**減少所致。

一天之中，荷爾蒙分泌量會有所變動。

夜晚睡眠時，生長荷爾蒙分泌旺盛，在最初熟睡階段達到高峰。它會修復白天接觸到紫外線受損的皮膚，或是因運動發炎的肌肉，消除疲勞、增強免疫力，進行身體保養。

此外，還有燃燒體脂肪、製造肌肉的作用。

睡得越深，生長荷爾蒙分泌量就會增加。

即使不是晚上，午睡時只要熟睡，就會促進生長荷爾蒙分泌。

為了維持生長荷爾蒙分泌，首先要確保睡眠品質良好。

就寢前不吃宵夜、不喝酒也很重要。因為血糖值上升會抑制生長荷爾蒙分泌。血糖值在進食後會急速上升，約莫過了3小時才會開始下降，進食後馬上睡覺，等於是讓身體處於**血糖值上升狀態**。

做輕微的運動刺激肌肉也有助生長荷爾蒙分泌。

讓血管變年輕！增加「女性荷爾蒙」的方法

接下來要聊聊守護女性身心的**「女性荷爾蒙」**。

女性荷爾蒙分為雌激素（estrogen）與黃體素（progesterone）2種，主要皆由卵巢分泌。

通常說到**女性荷爾蒙，指的是雌激素**。黃體素的作用是穩定子宮內膜，幫助受精懷孕，為身體儲存營養和水分。

女性荷爾蒙是讓身材曲線散發女人味的荷爾蒙，是會抑制內臟脂肪積存、預防生活習慣病、提高肌力和美容力，還能強化記憶力、穩定自律神經的**「超級能量荷爾蒙」**。

因為女性荷爾蒙的作用，女性享有「抑制血管老化」的特權。

男性未享有這種特權，所以通常從20歲左右就會開始出現動脈硬化。被特權保護的女性在40多歲後，女性荷爾蒙分泌量下降，才逐漸提高動脈硬化的風險。

這種差異造成男女平均壽命不同。

多數女性在停經前後10年會有**更年期障礙**。這段期間會出現身體發熱的熱潮紅、盜汗、心悸、頭痛、失眠、情緒不穩等不適症狀。這都是女性荷爾蒙減少所致。

DHEA有消除更年期障礙症狀的效果。在我的診所，針對有更年期障礙的患者一定會開立DHEA處方。

更年期也會增加罹患骨質疏鬆症的風險。雖然女性荷爾蒙有預防骨鈣流失的作用，但到了更年期，就會失效。

不過，**女性荷爾蒙不足可從食物補充**。

例如，大豆類對更年期障礙、骨質疏鬆症患者來說是最佳食材。納豆、豆腐、味噌等**大豆加工品富含大豆異黃酮**，這種抗氧化物質有類似女性荷爾蒙的作用。

男性的腎上腺也會分泌女性荷爾蒙，使他們增強學習力、記憶力。沒有卵巢的男性是受惠於「來自DHEA的女性荷爾蒙」。

精力、活力的來源！增加「男性荷爾蒙」的方法

緊接著是製造肌肉、產生活力的**「男性荷爾蒙」**。

無論男女，男性荷爾蒙皆由腎上腺製造。一天分泌量為**男性7毫克，女性約1成左右**。

儘管不多，卻是製造肌肉的重要角色，同時也是製造骨骼的荷爾蒙，和預防鈣質流失的女性荷爾蒙聯手預防骨質疏鬆症。

男性荷爾蒙有提高行動力、決斷力、判斷力、領導力的作用，是**「產生精力和活力的荷爾蒙」**。

男性荷爾蒙在**40多歲後，分泌量會驟減**。不過，**狀況比女性荷爾蒙和緩**，身體幾乎沒什麼明顯落差。

原本就很有活力的人，男性荷爾蒙分泌量下降較慢。

增加「美容、活力」荷爾蒙的習慣

提升「美容力」！——增加女性荷爾蒙

攝取大豆加工品！

提升「活力」！——增加男性荷爾蒙

不要累積壓力！

但男性也有更年期，從45歲到60多歲會出現類似女性更年期障礙的症狀，稱為「LOH症候群（晚發性性腺功能低下症候群）」。

「年齡增長」與**「壓力」**會讓男性荷爾蒙減少。要增加分泌就**不能累積壓力**。睡眠充足、笑口常開、獲得感動、與人交流等是最佳良方。

這種荷爾蒙和肌肉有關，所以適度運動、營養均衡的飲食也很重要。

青春指標！「甲狀腺荷爾蒙」過多過少都不行

「甲狀腺荷爾蒙」與新陳代謝有關。它是由咽喉下方的「甲狀腺」分泌。甲狀腺荷爾蒙是**維持生命的重要荷爾蒙**。

通常會維持適當的分泌量，有時會因為異常狀況而增加或減少。分泌過多會造成「甲狀腺機能亢進症」，當中最常見的是「葛瑞夫茲氏病」，症狀有盜汗、有食欲卻變瘦、情緒焦躁、心跳加速（心悸）、容易腹瀉等。

反之，分泌不足則會造成「甲狀腺機能低下症」，症狀有嗜睡、健忘、皮膚乾燥、水腫、畏寒、便祕、沒精神等。

微亢進是理想狀態。微亢進是怎樣的感覺呢？請試著想像一下人氣女團裡最受歡迎、明眸大眼、聲音高亮的活潑女孩。

無論是哪一種，倘若列舉的症狀變成慢性化，都請務必就醫。

我們無法自行控制分泌量多寡。

但是，只要飲食營養均衡，保持良好的睡眠品質，讓身體處於健康狀態，甲狀腺荷爾蒙就會正常分泌。

甲狀腺荷爾蒙的作用是活力、青春的指標。

為避免甲狀腺荷爾蒙分泌不足，平時就要傾聽「身體的聲音」。

健康長壽的荷爾蒙！增加「褪黑激素」的方法

最後是提高睡眠力的「褪黑激素」。

「褪黑激素」是良好睡眠品質不可或缺的荷爾蒙。

它**會讓睡眠與清醒變得有規律**。大量分泌會產生睡意，若是變少就會清醒。

身體接觸早晨陽光後，約莫經過了16個小時，大腦中心的松果體會大量分泌褪黑激素。

假設早上六點起床，到了晚上十點左右就會感到有睡意。

也就是說，**起床後過了十六個小時就會就寢**——這是讓我們熟睡到天亮的祕訣。

褪黑激素具有強力抗氧化作用，被稱為**「長壽荷爾蒙」**。

熟睡能夠提升免疫力，所以曾有研究報告指出，「褪黑激素對預防癌症頗有效」。

褪黑激素從40歲左右開始減少分泌，高齡者幾乎不會分泌。**年輕人睡得好是因**

為睡眠期間仍會持續分泌。

褪黑激素分泌減少可以靠食物補救。

要增加褪黑激素，必須有穩定精神作用的腦內物質「血清素」。因此，「先增加血清素」很重要。

製造血清素的原料是包含納豆在內的**大豆加工品中富含的色胺酸**（製造蛋白質的一種胺基酸）。牛肉的瘦肉、鮪魚、鰹魚、小魚乾、高麗菜、菠菜、萵苣、香蕉、起司等的含量也很高。

另外，女性荷爾蒙分泌正常，血清素也會增加。

理想模範──助你獲得「理想健康力」！

日本職業足球員三浦知良選手儘管年過50，依然和10幾歲、20幾歲的選手一起活躍於J聯盟*。

三浦選手展現了50多歲人所**期望**的最佳體能。

30多歲、40多歲、50多歲，各年代都有身心充滿活力的健康狀態。這就是**「理想健康力」**的想法。

尤其是30歲的健康狀態，在生物學上是身心充實、沒有弱點的「理想健康力」巔峰期。**30歲的健康力稱為「理想模範」**。

保持青春不是追求和自身年齡相符，也不是年輕5歲、10歲的數字遊戲。達到理想模範才是保持青春、**回春的終極目標**。

30歲的健康狀態是任何人都能獲得的。

我過去認為，40歲的理想值是「20多歲健康力的平均值」，60歲的理想值是

「40多歲的平均值」。然而，三浦選手卻大大超越了那樣的可能性。

其實，40多歲健康的人和20多歲的人賽跑跑贏也不是罕見的事。

預防醫學以兩種時間軸掌握老化。

一種是**「實際年齡」**，另一種是**「生物學年齡」**。前者是出生後每年增加1歲的**曆法實歲年齡**，後者是生物的**身體年齡**。

兩種時間的計算有明顯差異。好比以前的同學，「有些人看起來年輕，有些人卻已顯得蒼老」。

不過，即使外表裝扮年輕，生物學年齡也不會變年輕。

變胖、疲勞難消、體力變差、容易感冒等，各種身體異常或不適會讓全身健康狀態下降。

客觀來說，生物學年齡的衰退程度可以透過血液或唾液的荷爾蒙檢查得知。若結果比起實際年齡，**生物學年齡多了5歲或10歲，那就是「病態老化」**。

雖然無法阻止實際年齡增加，但重新檢視生活習慣**能輕鬆延緩**生物學年齡增加，也就是延緩**「老化時鐘的移動」**。

＊註：日本職業足球聯賽。

努力達成「回春的終極目標」！

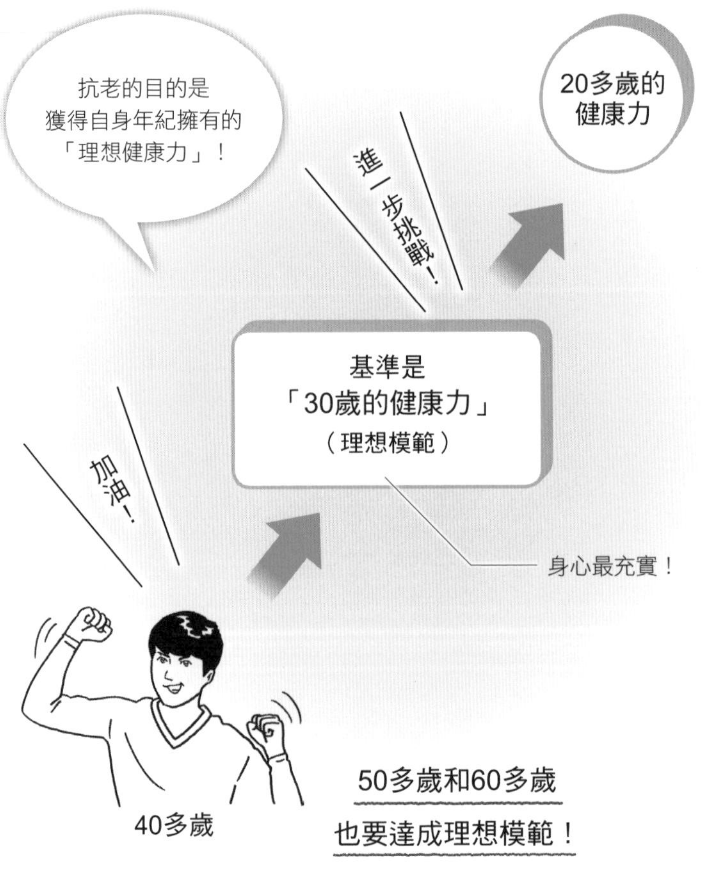

抗老的目的是
獲得自身年紀擁有的
「理想健康力」！
20多歲的
健康力
進一步挑戰！
基準是
「30歲的健康力」
（理想模範）
身心最充實！
加油！
40多歲
50多歲和60多歲
也要達成理想模範！

第 3 章

知名女演員親身實踐！中壯年開始培養的健康習慣

令女演員風吹純困擾不已的「腎上腺疲勞」

對40多歲的人來說，還有一個強敵是**「腎上腺疲勞」**。

腎上腺疲勞如字面所示，就是腎上腺很累，導致身心疲累。就像是**怎麼睡都睡不飽的慢性疲勞**。

揮之不去的疲勞感會讓人提不起勁，失去年輕活力，變得死氣沉沉。

其實，許多正值壯年期的人都有腎上腺疲勞的煩惱。

日本女演員**風吹純**也是其中一人。

風吹女士初到我的診所看診時，還不到50歲。

當時，她為了育兒和工作兩頭燒，所以覺得「必須做點什麼來改變現況」，後來她發現自己需要進行抗老化。

她在尋找值得信賴的診所時，耳聞我的診所風評不錯，於是前來看診。

見到風吹女士的當下，我立刻發覺事情不妙。她的身體因為壓力而嚴重氧化，於是我立刻開立DHEA與具抗氧化作用的「輔酶Q10」營養補充品讓她服用。

DHEA可防止身體氧化，輔酶Q10則是去除活性氧的酵素。通常必須經過血液檢查確認結果後，才能給予患者荷爾蒙營養補充品。但是，**當時風吹女士的身體狀態相當差，明顯就是荷爾蒙下降**，由於情況特殊，才立即開立處方。

果不其然，血液檢查結果顯示，風吹女士的DHEA量極少，無法分泌**女性荷爾蒙和男性荷爾蒙**。

風吹女士喪失了幹勁與鬥志，甚至動了「乾脆退出演藝圈」的念頭。那樣的狀況從血液檢查結果也得到了證實。

風吹女士看起來盡現疲態。即使工作時表現得很開朗，回到家卻得立刻躺在床上休息，否則做不了家事。

更糟的是，她早上起不來，沒辦法去工作，有如掉入「疲勞地獄」一般。

風吹女士的症狀起因於腎上腺疲累。

如前所述，腎上腺會分泌ＤＨＥＡ與壓力荷爾蒙皮質醇。**但因為承受繁重工作壓力**，皮質醇頻繁分泌，導致腎上腺過勞，最後無法再製造ＤＨＥＡ和皮質醇。

風吹女士深陷的這種狀態就是**「腎上腺疲勞症候群」**。後來，她每天服用ＤＨＥＡ。

服用ＤＨＥＡ後，風吹女士說最先出現的改變是**「變得有精神」**。其實她去了一趟西藏，搭乘了位於海拔４０００公尺以上的高原鐵路一整天。

現在為了不把疲勞留到隔天，她會提醒自己保持充足睡眠，同時留意飲食營養均衡。她在**早上服用ＤＨＥＡ**，覺得累的時候，**晚上就服用高濃度維生素Ｃ營養補充品**，用心保養腎上腺。

風吹女士在電視、電影、舞台劇等表現活躍，**重獲理想的年輕與健康**後，更是受到許多人支持。

利用DHEA消除「怎麼睡都睡不飽的疲勞」

拯救風吹女士逃離「疲勞地獄」的，是與脂聯素同為青春荷爾蒙的DHEA。DHEA和壓力荷爾蒙皮質醇有密切關係，彼此就像拔河一樣相互角力、發揮作用。

身體承受壓力時，為了對抗壓力會分泌**皮質醇**。皮質醇會利用體內儲存的糖作為活動來源，導致血糖值上升，於是血壓也跟著上升，情緒變得亢奮。

可是，分泌皮質醇時會大量產生氧化身體的活性氧。皮質醇頻繁分泌，**使得腎上腺疲勞不堪，功能衰退**。再加上活性氧的氧化壓力，更讓身體持續受到傷害。

皮質醇過度分泌會**提高老化的風險**。

在美國，皮質醇被稱為「死亡荷爾蒙」。儘管對抗壓力必須有它，仍被視為盡量不要分泌比較好的荷爾蒙。

此時就輪到**DHEA上場了**。青春荷爾蒙DHEA可以**預防皮質醇造成的身體氧化**。承受壓力時，DHEA幾乎會和皮質醇同時分泌，以便讓突然釋出的皮質醇恢復至原本狀態。

皮質醇是壓力荷爾蒙，DHEA則是抑制皮質醇過度作用的**抗壓力荷爾蒙**。

若皮質醇是氧化荷爾蒙，DHEA就是**強力抗氧化荷爾蒙**。

這兩個荷爾蒙會發揮相反作用保護身體。

我們不會被壓力輕易擊倒就是因為這兩個荷爾蒙的效用。

掌握青春關鍵的「腎上腺」是怎樣的臟器？

位於左右腎臟上方的腎上腺是非常小的臟器，重量**僅3克**。

在胚胎學上認為，腎上腺是靠四肢移動的祖先進化至站立的瞬間，恰巧移到腎臟上方的。

雖然因為在腎臟上方而被命名為腎上腺，卻與腎臟毫無關係。腎上腺並非泌尿器官，而是**荷爾蒙生產工廠**，負責分泌荷爾蒙。

腎上腺分為腎上腺皮質和腎上腺髓質。腎上腺皮質由外而內分三層。DHEA是由腎上腺皮質內層的網狀帶分泌，皮質醇則是由中層的束狀帶製造，送往血液中。

職業運動選手面臨關鍵時刻總會說「腎上腺素飆升」。腎上腺素是感到亢奮時讓血壓升高的荷爾蒙，由腎上腺皮質下的腎上腺髓質製造。

腎上腺這個小臟器除了分泌戰鬥荷爾蒙的皮質醇和腎上腺素，也會釋出保護身體的DHEA。

腎上腺會「打倒壓力」，然後「保護身體免受壓力侵害」。要是沒有腎上腺，我們將無法對抗壓力存活下來。

據說**「當兩個腎上腺都失去功能，人類會在三十分鐘內死亡」**。而其他臟器分泌的荷爾蒙就算停止也不會立即威脅性命。

可見，腎上腺是攸關人類生存的重要臟器。

追溯人類演化史可得知，我們的遠祖曾經生活在海裡，之後離開大海登上陸地。此時，人類不僅缺乏食物及鹽分，還要面對外敵威脅。因此，腎上腺就製造出了皮質醇等荷爾蒙。

海中存在著多樣生物，自然不愁沒有食物。

但到陸地上生活後，人類的歷史可說是與飢餓戰鬥，確保食物是極困難的事。

於是，**身體為了應付飢餓，將糖儲存為能量來源**。為此，腎上腺製造出提高血糖值的荷爾蒙皮質醇。

皮質醇是**遭受敵人攻擊時不可缺少的荷爾蒙**。因為有皮質醇，我們才能夠瞬間判斷要戰鬥還是逃跑。

保命需要許多能量。遇到「關鍵時刻」，在皮質醇作用下，為使身體獲得活動能量，血糖值因而上升。

另外，身體必須常保定量鹽分。上陸後無法補充足夠鹽分，所以身體也會製造、分泌儲存鹽分的荷爾蒙醛固酮（Aldosterone）。

腎上腺還有**支援精囊和卵巢作用**的功能。DHEA可轉換為男、女性荷爾蒙。

雖然性荷爾蒙是由男性的精囊、女性的卵巢製造，但腎上腺隨時提供後援。

假如精囊、卵巢失去功能，腎上腺就會即刻支援生產。

請留意！40歲前後「突然變得容易疲勞」

腎上腺的任務是對付壓力，保護身體。若腎上腺持續承受各種壓力，會出現功能顯著下降的情況。

那正是風吹女士曾經深陷的腎上腺疲勞症候群。

研究腎上腺功能的第一人——美國的詹姆斯．威爾森（James L. Wilson）博士將這種情況命名為「腎上腺疲勞（Adrenal Fatigue）」。

腎上腺疲勞症候群會出現各種症狀，不像糖尿病或癌症有明顯的關鍵病徵。症狀包括有莫名疲勞感、早上幾乎起不來的極度疲勞、傍晚前總覺得腦袋昏沉、身體懶洋洋、性致缺缺等。

「腎上腺疲勞」究竟是怎麼一回事呢？

如前所述，持續承受過大壓力時，腎上腺為了對付壓力會不斷分泌皮質醇。再

中壯年必須留意的「腎上腺疲勞」！

「腎上腺疲勞症候群」簡易檢視表

- □ 慢性疲勞感。
- □ 早上起不來。
- □ 情緒起伏激烈。
- □ 思考力或記憶力下降。
- □ 性欲減退。
- □ 淺眠，半夜會醒來。
- □ 忍不住想吃甜食。
- □ 1天喝5杯以上咖啡。
- □ 容易便祕或腹瀉。
- □ 傍晚過後覺得頭腦清醒。
- □ 感冒不易好。
- □ 精力、集中力下降。

加上氧化壓力，使得腎上腺慢慢累積疲勞。

只要釋出皮質醇，身體就會一直運作。到最後，**腎上腺疲勞不堪，無法充分分泌皮質醇**，疲勞感籠罩全身，終致陷入腎上腺疲勞症候群。

這和浪費胰島素，導致胰臟疲勞，造成糖尿病的過程簡直如出一轍。

令人頭痛的是，和皮質醇一起發揮作用的DHEA，分泌量會隨著年齡增長而減少。若血液中皮質醇過高，身體就會持續氧化。

若40歲前後突然變得容易疲勞，可能就**有腎上腺疲勞症候群的疑慮**。

風吹女士曾說感到極度疲勞，這是腎上腺疲勞症候群患者共通的自覺症狀。

「總是感到疲勞、早上起床時的身體有如千斤重、頭昏腦脹、睡不好、莫名身體不適、提不起勁、心情焦躁」，也會出現這些症狀。

但是，即使接受檢查也缺乏客觀見解，找不出病因，經常被視為「不定愁訴（原因不明的不適症狀）」。

有些人還會**經常無精打采，陷入憂鬱**。

正因為原因不明，有時會遭到旁人冷眼相待，被貼上**「很懶散、缺乏幹勁、暴躁易怒」**等標籤，無法受人理解。

其實，腎上腺疲勞並不會直接引起身體疲勞。

那是自律神經中樞**因為大腦受到損害而引起的疲勞**。

自律神經中樞會調整身體器官及組織，為了維持生命，穩定身體功能。因激烈運動等讓身體承受很大負擔時，自律神經中樞同樣承受負擔，且大腦也受有損害。損害是指活性氧造成的氧化壓力破壞神經細胞。

舉例來說，運動會消耗大量能量，產生大量活性氧。

這時體內好比發生事故時出動的救護車，釋出去除活性氧的酵素。當活性氧的量多於酵素，就會傷害自律神經及肌肉細胞，進而引起疲勞。

身體將累積的疲勞**視為壓力，分泌皮質醇**。皮質醇分泌過量會使血糖值上升，造成胰島素浪費，並提高內臟脂肪積存的風險。至此各位應該能夠理解，疲勞結合內臟脂肪和老化形成了**「負三角關係」**。

皮質醇的威脅相當可怕，強烈氧化力讓脂聯素保護的血管老化，變成容易罹患動脈硬化或代謝症候群的體質，還會降低「保護身體免於癌症侵襲」的免疫系統功能，切勿輕忽。

「不累積壓力」＝「不浪費年輕活力」

皮質醇和ＤＨＥＡ都以膽固醇為原料，通常**製造比例是1：1**。這是為了**讓身體適應壓力，同時預防氧化**。

不過，壓力過大時，膽固醇會先被用來製造皮質醇，來不及製造ＤＨＥＡ。這種狀態稱為**「偷竊症候群（steal syndrome）」**，意指「膽固醇被皮質醇全部偷光」，無視保護身體的荷爾蒙，**只把原料提供給戰鬥荷爾蒙**。

如前所述，ＤＨＥＡ會製造男性荷爾蒙，男性荷爾蒙會轉換為女性荷爾蒙。偷竊症候群的狀態如果長期持續，**肌肉就會衰退，體力也會下降**。這是因為缺乏男性荷爾蒙之故。

若是女性，少了女性荷爾蒙，排卵或月經就會停止，導致受孕困難。其實，大部分接受不孕症治療的女性，血液中ＤＨＥＡ濃度都極低。

荷爾蒙分泌量會在一天之內有所變動。通常皮質醇是從入睡後的**深夜3點左右分泌增加，早上8點左右達到巔峰**，然後在夜晚來臨前逐漸減少。而腎上腺會配合皮質醇分泌釋出ＤＨＥＡ。

然而，要是整天都在釋放皮質醇，**ＤＨＥＡ來不及分泌**，身體就會出現不適。皮質醇和ＤＨＥＡ都是維持生命的重要荷爾蒙，分泌量要不多不少剛剛好，保持平衡才能守住我們的健康。

荷爾蒙減少是老化三大原因之一。腎上腺疲勞所導致的荷爾蒙分泌異常也被視為荷爾蒙減少的情形。

只要「細嚼慢嚥」，腎上腺就會變健康

要讓腎上腺變健康，不累積壓力是最佳良方。

但，這是不可能的任務。

寒冷、炎熱、痛苦、疲勞、睡眠不足等，生活中會產生各種精神性或物理性的壓力。

而且，就算已經熟睡，睡衣或內衣鬆緊帶也會透過皮膚對自律神經施壓。

腎上腺健康與否，受到飲食很大的影響。

關鍵在於，**攝取讓腎上腺不會疲勞的食物**。

具體注意事項請參考第2章說明老化兩大原因「氧化」與「糖化」的部分。

預防氧化要攝取牡蠣及肝臟，這2種食物對製造**「抗氧化酵素」**很重要。另外，也要從富含**「抗氧化物質」**的綠花椰菜、胡蘿蔔、南瓜等黃綠色蔬菜，以及甜

椒（紅、黃）、青椒等積極攝取維生素C。

預防糖化要注意**別吃太多「高醣食物」**，如米飯及甜食等。此外，吃炸物、炒物、烤物時要**避免太焦**。

「糖化」是腎上腺疲勞症候群的危險因子。而且，糖化的過程中會製造出活性氧，所以糖化還會伴隨氧化。

腎上腺疲勞症候群及前期患者，幾乎都處於**低血糖狀態**。因為腎上腺疲勞會讓皮質醇分泌下降。

請試著回想皮質醇的作用——利用體內糖分，造成血糖值上升。然而，當腎上腺處於疲勞狀態，皮質醇分泌量減少，血糖值就會下降。

這時候，有件事務必留意。

當心落入**忍不住想吃甜食的「嗜甜惡性循環」**。

血糖值下降代表身體缺乏能量。因此，大腦會發出「提高血糖值」的指令，令我們想要吃能夠快速獲得能量的甜食，以將醣類轉換為能量。

吃了甜食後，血糖值暫時升高，但沒多久又會因為胰島素緊急出動而驟降，恢復至原本狀態。

由於皮質醇分泌量下降，導致低血糖，於是大腦又發出想吃甜食的強烈欲望。這種情況會反覆發生。

這就是嗜甜惡性循環。嗜甜惡性循環與造成血糖值忽升忽降的「飯後高血糖」有關，不能不慎防。

血糖值驟降會加重焦躁感，容易為了一點小事就動怒。此外，到了傍晚時，即使沒做什麼事也覺得疲憊不堪。

請將第2章介紹的**盡量讓血糖值緩慢上升的吃法**——「細嚼慢嚥，維持八分飽」「飯後做輕微運動」「別吃太多白米、麵粉、砂糖、薯條等高GI食物」——謹記在心。這麼一來，腎上腺就不會浪費能量，有助打造**不易累體質**。

另外，獲得胰島素的有力支援，肌肉就能夠順利消耗糖分，打造**不發胖體質**。

讓腎上腺變健康的食物

腎上腺不耐「糖化」與「氧化」！

建議
吃這些！

抗糖化食物——留意主食！

糙米

全麥麵包、全麥義大利麵

蕎麥麵

抗氧化食物——多吃蔬菜！

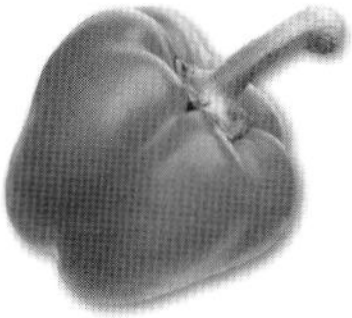
甜椒（紅、黃）

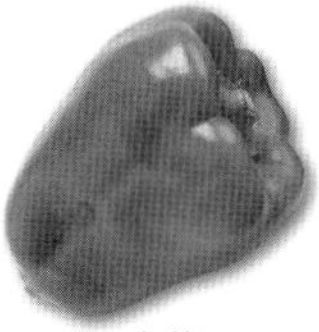
青椒

綠花椰菜

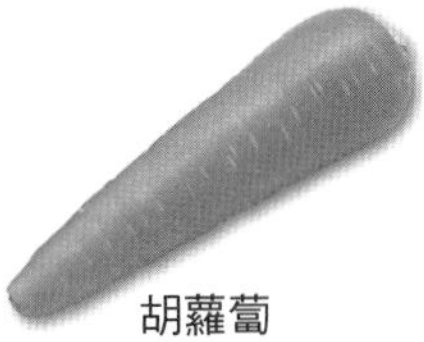
胡蘿蔔

南瓜

「腎上腺刺激」——風吹純女士實踐的健康習慣

皮質醇過度分泌會引發腎上腺疲勞。

唯有保持腎上腺健康，才是預防疲勞、打造青春的祕訣。

女演員風吹純保持腎上腺健康的方法是——**「晚上服用高濃度維生素C營養補充品」**。

我將這個**保持腎上腺健康的方法稱為「腎上腺刺激」**。

皮質醇分泌量在深夜會暫時大幅下降，之後隨著天亮逐漸上升。我們可以使用維生素C來緩和這時的分泌狀態。

維生素C會**促進DHEA分泌**，避免皮質醇造成的氧化傷害身體。維生素C也有強力抗氧化力，可緩和皮質醇分泌，避免氧化及氧化造成的疲勞傷害腎上腺。

皮質醇分泌量多是身體正在承受壓力的信號，這種狀態會妨礙睡眠品質。因此，**睡前攝取維生素C很有效**。

自律神經分為「交感神經」與「副交感神經」。白天時交感神經處於優勢，到了晚上則切換成副交感神經以修復保養身體。

退燒、喉嚨消腫、傷口結痂、頭髮或鬍子變長都是在睡眠中。入睡時，體內的生長荷爾蒙會持續發揮作用，進行保養和新陳代謝。

維生素C的任務是藉由提高DHEA分泌，支援體內保養，幫助細胞順利再生。再次叮嚀各位，**「睡前攝取維生素C是很有意義的事」**。

多數哺乳動物一旦生病，體內會利用糖分製造維生素C。

各位聽了可別吃驚，羊的身體狀況變差時，一天甚至可以製造出5萬毫克（50克）的維生素C。

不過，猴子、天竺鼠等少部分動物沒有合成所需的酵素，無法製造維生素C。其實**人類也無法製造維生素**，因此，我們必須從飲食或營養補充品中來攝取。

為了去除活性氧，人體內每天都會消耗掉大量維生素C。不論使用電腦還是做家事時都會產生活性氧。

去除1根香菸產生的活性氧，得消耗25毫克的維生素C。

日本厚勞省建議1日攝取100毫克的維生素C。光是1根香菸就會浪費掉4分之1，由此可知香菸的危害有多嚴重。

維生素C存在於臟器和肌肉等各個部位，腎上腺、腦下垂體和眼睛的水晶體格外多，且被大量消耗。尤其是腎上腺，存在最多維生素C。

晚餐吃甜椒或綠花椰菜等**富含維生素C的食物；睡前則可服用營養補充品補充維生素C。**

從今天起，試著培養「讓身體變年輕的習慣」吧！

讓身體快速變年輕的「維生素C」攝取法

接下來具體說明讓腎上腺保持健康的「刺激腎上腺」的訣竅。做法很簡單，**只要遵守三項規則即可**。

1. 睡前服用1000～2000毫克的維生素C營養補充品。
2. 以「常溫水」服用。
3. 服用後，30分鐘內就寢。

服用營養補充品是因為，光從食物難以攝取到100毫克的維生素C。以常溫水服用是因為，茶或飲料可能會降低維生素C的作用。

維生素C是**水溶性維生素**，特徵是**迅速吸收**。若透過營養補充品攝取維生素

讓身體變年輕的「維生素C」攝取法

新常識！

	舊版	新版
1天必需攝取量	100mg	▶ 1,000mg 2,000mg
攝取方式	從食物獲得	▶ 食物＋營養補充品

效果絕佳！營養補充品的吃法

1. 睡前服用——建議量為1000～2000mg。
2. 以常溫水服用——茶或果汁會降低效果。
3. 30分鐘內就寢——為了在睡眠中產生刺激腎上腺的效果。

營養補充品使用市售的高濃度維生素C即可！

C，30分鐘後就會被吸收進入血流。為了提高睡眠中刺激腎上腺的效果，服用後30分鐘內就寢很重要。

我的診所也是施行大量攝取高濃度維生素C來改善腎上腺疲勞的治療方式。維生素C的處方分為點滴和粉末。以點滴注射25毫克、**相當於400顆檸檬的維生素C**，可將**血中維生素C濃度提升至約200倍**。

我的診所使用的是美國點滴，因為日本最濃點滴的維生素C含量僅有2克左右。以點滴注射後，睡前再服用「高濃度維生素C粉末」加以補充。

身體的修復系統是在睡眠時運作。提高體內維生素C濃度可**去除活性氧，支援腎上腺復原**。

近年來，醫院也開始用點滴為患者補充維生素C。維生素C會直接進入體內，**在被排泄之前滲透全身細胞**。

「變瘦！」「變美！」「變健康！」三大效能

這10年來，有報告指出，維生素C具有預防疾病、預防老化等醫學效果，現已成為**最受注目的營養素之一**。

維生素C的健康效果是1970年代初期，美國化學家萊納斯．鮑林（Linus Pauling）博士在其著作《維生素C與普通感冒》（暫譯。*Vitamin C and the Common Cold*）中提到而廣為流傳。鮑林博士曾經獲得諾貝爾化學獎與和平獎。

大量攝取維生素C被廣泛活用於預防醫學等各種醫療上。

當中又以**抗癌作用備受期待**。

以點滴注射高濃度維生素C會產生過氧化氫（活性氧之一），過氧化氫會破壞癌細胞。在癌症治療上，有時會使用到100克（10萬毫克）的維生素C。

高濃度維生素C點滴療法也可用於感冒及流感。

有報告指出，使用高濃度維生素C點滴療法**可以縮短發燒及咳嗽期間**。感冒和流感都會因為免疫力下降而引發感染。而維生素C可增強淋巴球活性以抵抗細菌和病毒，**提高免疫力**。

維生素C還會促進DHEA分泌以燃燒內臟脂肪，**間接打造「易瘦體質」**。

維生素C的**美白效果也很好**，被用於最先進的抗老化醫療，可預防黑色素（形成色斑、雀斑的原因）沉澱，保持肌膚透亮。而且如前所述，維生素C還有促進膠原蛋白生成的作用。最重要的是，**消除疲勞是美肌的特效藥**。

人體無法自行製造維生素C，所以必須從飲食持續攝取。

缺乏維生素C會變得容易疲勞、煩躁易怒、皮膚粗糙等。

維生素C是水溶性維生素，容易被人體吸收，**即使攝取過量也不必擔心**。多餘維生素C會在2～3小時後隨尿液排出體外。

「鍛鍊大腿肌肉」的好處

要讓腎上腺變健康，飲食和運動都很重要。

飲食的首要重點是**攝取膽固醇**。

雖然膽固醇是造成動脈硬化的原因物質，被視為壞東西，但卻是DHEA和皮質醇等荷爾蒙原料，也是構成大腦的成分。細胞膜也是以膽固醇製造。

7〜8成的膽固醇由肝臟製造，剩下的則是從飲食中攝取。

就算吃了太多的蛋或油脂，也有肝臟會調整體內膽固醇量，因此**不必太在意食物中的膽固醇**。

其實，膽固醇對身體是很重要的成分。

膽固醇主要來自蛋、肉、魚等**動物性蛋白質**。均衡且適量攝取，就能確保DHEA及皮質醇的量。

運動的好處是**藉由控制荷爾蒙分泌，讓腎上腺變健康**。

DHEA會隨著年齡減少，如果不做任何保養，腎上腺只好持續分泌皮質醇，因而變得疲累不堪。

「運動可預防DHEA減少」，第2章已經說明過這件事。

增加肌肉量，DHEA分泌量就會增加。

運動會讓肌肉承受負擔，使收縮的筋肉細胞受損，發炎物質流入血液中。這個資訊經由血液傳達至大腦後，為了修復受傷的肌肉，大腦會向腎上腺發出「製造荷爾蒙」的指令。

這稱為肌肉對大腦的**「情報回饋」**。

腎上腺會分泌可轉換為男性荷爾蒙的DHEA，腦下垂體也會出動生長荷爾蒙。

促進DHEA分泌的運動是讓大腿的大塊肌肉或背肌輕微負重的伸展操或肌肉訓練。

雖然是輕微運動，但肌肉會有舒服的緊實感。如果負重太輕，大腦無法獲得充分回饋。負重過重，對身體反而造成壓力。

做運動時**「讓大腿肌肉或背肌感受到變緊實的程度」**，這點很重要。

與他人愉快交流、投入有興趣的事也會提高DHEA分泌，也可刺激腎上腺。

第 4 章

40歲起培養「打造不發胖體質」的飲食習慣

等到肚子咕嚕咕嚕叫，再吃東西！

本章將說明預防「內臟脂肪積存」，預防及改善「腎上腺疲勞」的飲食方式。

內臟脂肪積存的原因是「過食」與「運動不足」。

內臟脂肪的特徵是，囤積時「確實增加」，**消除時「日益減少」**。也就是說，稍微下點工夫，馬上就有效果出現。

基於此觀點，我先針對飲食說明基本概念。

飲食最大重點是**「營養均衡，維持八分飽」**。

絕不能吃到撐，吃太多會形成內臟脂肪。

能避免過食的飲食，就是「和食」。

基本上是主食米飯搭配**「三菜一湯」**。一湯是味噌湯，三菜是肉、魚、蛋、納豆等含脂質的蛋白質主菜，加上蔬菜、菇類、海藻、小魚乾類的副菜兩盤（小碗）。若要吃沙拉，以生蔬菜為主。

「三菜一湯八分飽」——這是能夠充分消化、吸收的量。

還要均衡攝取「提升免疫力」「燃燒脂肪」等不同營養特性的食物。

主食的碳水化合物（含膳食纖維的醣類）如果是米飯，將近一碗的量最適當，請勿超過一碗。六片裝的吐司相當於一碗飯。

主菜僅八分飽的量，例如肉和魚都是**「手掌大小」**的分量。

若因為減量覺得沒吃飽，飯前可喝些茶水，增加咀嚼次數，細嚼慢嚥。

製造肌肉的是蛋白質，增加並維持肌肉的則是醣類。

說到蛋白質，通常會想到肉或魚，但也可**積極攝取**豆腐或納豆等**大豆加工品**。

過度減醣容易造成反效果，會讓人忍不住多吃配菜或零食。

基本上一日三餐，早、午、晚在固定時間進食。

但是有個重點是，**吃不下或不想吃的時候，不要為了義務感而吃**。「義務進食」會強迫腸胃運作，徒增負擔。

空腹是由大腦發出「差不多該進食了」的信號。而且，血糖值下降才會有空腹感。**肚子覺得餓才是「進食時刻」**。

另外，除了生長荷爾蒙、褪黑激素等部分荷爾蒙，多數荷爾蒙在傍晚四點後會減少分泌。於是代謝也跟著下降，腸胃等消化道的活動力就會降低。

胃的消化活動從白天到晚上8點左右最旺盛，入夜後作用變弱。太晚進食的話，胃被迫進行消化，而消化會妨礙睡眠，所以晚餐最好在睡前3小時吃完。**有好的睡眠品質，內臟脂肪才會燃燒殆盡**。

有件事提醒各位留意，「不要因為少吃一餐，下一餐就大吃特吃」。形成內臟脂肪的原因是血糖值驟升，所以反而要控制食量。

過度空腹也會造成壓力。「少量多餐」倒是無妨。例如，生菜沙拉、一片魚、一個小飯糰，分散攝取一天的飲食。但是零食不算在內，絕對不能吃點心甜食。

若三餐照常吃，食量和營養素的分配也很重要。

食量的理想比例是**「早3、午4、晚3」**。為了獲得優質睡眠，晚餐的量要減少，請留意不要超過3。

關於營養素的分配，白天因為活動量大，要攝取充足油脂。晚餐為了避免熱量超標，要減少攝取醣類、脂質，以蛋白質為主。

吃的順序也很重要。為避免飯後血糖值過度上升，請記得從蔬菜開始吃。

預防「內臟脂肪」「腎上腺疲勞」的飲食方式

營養均衡，維持八分飽為基本原則！

1. 主食的米飯搭配三菜一湯

基本上是和食。味噌湯、肉或魚、蛋、納豆等主菜，加上蔬菜、菇類、海藻、小魚乾等的副菜2盤（小碗）。

2. 不必一日三餐「義務進食」

吃不下或不想吃的時候，不要勉強吃。肚子覺得餓才是「進食時刻」。

3. 若少吃一餐，下一餐「不要大吃特吃」

可以「少量多餐」。

4. 食量的理想比例是「早3、午4、晚3」

中午攝取充足的脂質，晚上少吃醣類、脂質，以蛋白質為主！

5. 先吃副菜的蔬菜

可以預防飯後高血糖。

6. 晚餐在睡前3小時吃完

因為消化會妨礙熟睡。

40歲起「不必勉強限醣」

習慣「八分飽」之前，常會覺得沒吃飽。

可是，輕易妥協就無法預防糖化所造成的內臟脂肪積存、腎上腺疲勞。

其實，覺得沒吃飽不只是量的問題，**維生素B_1不足也是原因**。身體需要維生素B_1，所以變得嘴饞。

少了維生素B_1，醣類就不能轉換為能量。因此，吃飯時務必搭配紅鮭（或鮭魚）、青皮魚、納豆等富含維生素B_1的食材。

說到「預防糖化」，應該很多人會聯想到**「限醣」**飲食。

完全不吃米飯、麵包、甜食等高醣食物，像這樣進行嚴格的限醣飲食，短時間內確實會讓體重減輕許多，消除內臟脂肪。

但是，限醣**除了有驚人效果**，也有**危害**。

身體無法從飲食中獲得醣類，就會從肌肉或臟器的蛋白質製造糖分。於是，肌肉量減少，基礎代謝下降，內臟脂肪增加，還會出現「脂肪肌」。**過度限醣會導致「隱性代謝症候群」**。

也有報告指出會有罹患腦中風、骨質疏鬆症的風險。臟器、肌肉、皮膚、骨骼、血液都是由蛋白質構成。限醣飲食會讓蛋白質不足，促使身體老化。增加的脂肪進入骨骼中會成為骨質疏鬆症的原因，這點在第1章已有提及。

那麼，吃太多米飯或麵包為何會導致高血糖和糖化呢？**米飯和麵包缺乏維生素及礦物質**，無法順利代謝糖（葡萄糖），反而會滯留在血液中。

精製後的米和小麥，被去除了富含維生素、礦物質的胚芽。只要吃還有胚芽的糙米和全麥麵粉，醣類就會順利代謝，糙米和全麥麵粉也是很有效的能量源和營養源。

話雖如此，白米香甜美味，每餐吃都吃不膩。**甜又好吃的食物才能令人感受到吃的喜悅**，因此，各位不必抗拒這股幸福感。只要遵守八分飽的原則，就能輕鬆減醣。

為什麼「常喝綠茶的人不會胖」？

說到適合「抗糖化」的食物，首選就是讓飯後血糖值緩慢上升的低GI蔬菜。

當中又以小松菜、菠菜、高麗菜、白菜等綠色葉菜類的含醣量低、膳食纖維豐富，是具代表性的「抗糖化食物」。

除了高麗菜，其他蔬菜都不能生吃，可做成涼拌菜或當作味噌汁的配料，吃飯前先吃。

這麼一來就能打造耐糖、抗糖化能力高的體質。

其實**綠茶也有「抗糖化功能」**。

綠茶中的兒茶素是茶多酚的一種，有抑制AGEs的作用，一天喝數杯綠茶可以保持抗糖化能力。

烏龍茶、紅茶也有此作用。不過，紅茶是氧化發酵的茶葉，不像綠茶那樣富含維生素C。烏龍茶同樣也是氧化發酵的茶葉，維生素C含量極少。

綠茶當中，煎茶的維生素C含量最多。雖然蔬菜也含有許多維生素C，卻不耐熱，而**綠茶的維生素C則不易被熱所破壞**。

維生素C可刺激腎上腺提高DHEA分泌。也就是說，綠茶能發揮防止老化的三大原因——糖化、氧化及荷爾蒙減少的效用，**可說是具代表性的「抗老化飲品」**。

綠茶還有一個特色是**「放鬆效果」**。綠茶含有一種增加鮮味的胺基酸「茶胺酸（L-Theanine）」，有緩和壓力的作用，還有美肌效果。

過去日本人曾說綠茶會影響一天的身心狀態，因此，我們實在應該重新思考綠茶的價值。

不過，市售的瓶裝綠茶可能含有添加物。即使瓶身標示有添加維生素C，也只是當作防腐劑用。瓶裝紅茶及烏龍茶也會添加維生素C當作防腐劑。

綠茶還是盡可能用茶葉泡來喝。另外，雖然綠茶的咖啡因含量沒有咖啡多，但睡前最好別喝。

「雞胸肉」是優質的「消除疲勞食物」！

保護身體免受活性氧傷害的食物，莫過於蔬菜。因為蔬菜中含有多種抗氧化物質。

但是，魚和肉也有抗氧化物質。

鮭魚的紅色素**「蝦紅素」**就是抗氧化物質。

蝦紅素的抗氧化力勝過蔬菜的強力抗氧化物質維生素A、C、E、番茄的茄紅素、胡蘿蔔的β胡蘿蔔素（在體內配合需求轉換為維生素A），所以**最強的抗氧化食物正是鮭魚**。

蝦紅素在鮭魚洄游產卵的那一週，以抗氧化力保護鮭魚的身體。

目前已知蝦紅素對預防老化及癌症都有良好的效果，**也能有效消除疲勞**。而且，不光是肉體上的疲勞，對消除精神疲勞也很有效。

另有研究報告指出，攝取**20克以上的雞胸肉能夠消除疲勞**。

候鳥的胸肌有抗氧化物質「含組氨酸的二肽（Imidazole dipeptide）」，是候鳥的精力來源，可讓牠飛行超過1萬公里。而雞胸肉中也有那個抗氧化物質。一天200克左右的含組氨酸的二肽可以消除疲勞。這個量相當於20克以上的雞胸肉。考慮到吸收率，建議攝取超過20克。

接下來看蔬菜的抗氧化作用。

蔬菜的抗氧化物質是植化素（Phytochemical），這是植物的色素、香味、苦味成分，多酚為其中之一。另外，多酚包含無數抗氧化物質，如茄紅素等。具有預防肥胖、提升免疫力、抑制癌症、提升視力、美肌等豐富功效。

一天攝取量為350克以上，其中3分之1必須是黃綠色蔬菜。蔬菜分為**紅、橙、黃、綠、紫、黑、白7色**。說到各色代表性蔬菜，紅色是番茄、紅椒；橙色是胡蘿蔔、南瓜；黃色是洋蔥；綠色是綠花椰菜、菠菜；紫色是茄子；黑色是牛蒡、馬鈴薯；白色是蘿蔔、高麗菜。

吃蔬菜不要為了特定效果而吃，每種顏色都要均衡攝取，就能得到各種效果。

建議一天吃4～5色，**1週吃7色**。

雖然水果也富含抗氧化物質，但因為含有果糖，因此還是選擇低醣、低熱量的蔬菜比較理想。

蔬菜最好生吃。增加咀嚼的次數可以抑制食欲，防止過食，也能促進消化。高纖蔬菜是最適合咀嚼的食材。

早上吃生蔬菜能提高一整天的抗糖化與活性氧無毒化的功能。

打造「不疲累體質」的兩大食物

鮭魚

- ◉ 消除肌肉疲勞。
- ◉ 具有強力抗氧化作用。
- ◉ 預防動脈硬化、腦中風、代謝症候群。
- ◉ 改善眼睛疲勞。
- ◉ 消除皺紋，恢復肌膚的保濕性與彈性。

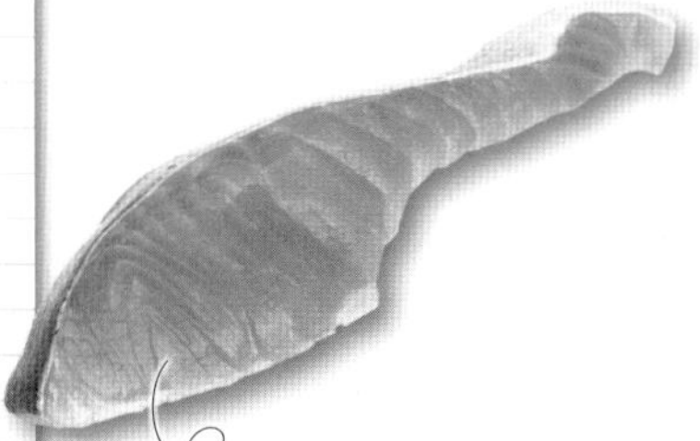

紅色素
「蝦紅素」有消除「精神疲勞」的效果！

雞胸肉

- ◉ 以強力抗氧化作用預防老化。
- ◉ 提升運動能力。
- ◉ 預防及改善生活習慣病。

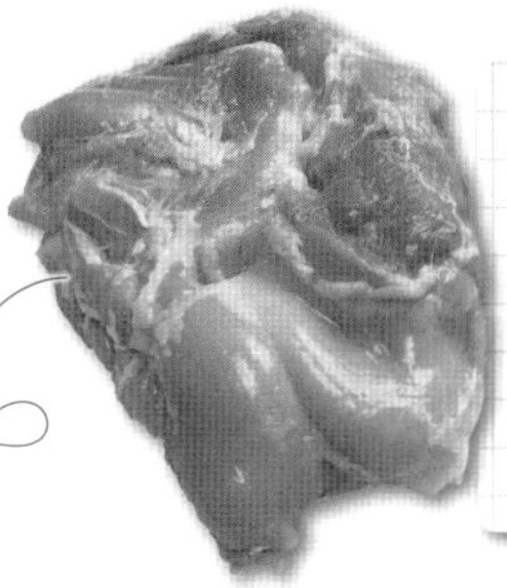

抗氧化物質
「含組氨酸的二肽」
消除疲勞效力驚人！

打造美肌、美髮的「水煮鯖魚罐頭」

40歲後，有必須留意攝取的「油脂」。

油脂是指「油」和「脂肪」。常溫下呈液體狀態的是油，固體狀態的是脂肪。脂肪酸是脂肪的成分，油脂、脂肪酸、營養素合起來的總稱是「脂質」。

油脂分為「飽和脂肪酸」與**「不飽和脂肪酸」**兩種。

飽和脂肪酸是動物性油脂，特徵是**常溫下容易凝固**。請試想拉麵冷掉的湯上浮的那層「白色油脂」應該就不難理解。

不飽和脂肪酸是指**常溫下不易凝固的油脂**。若說到「n-3脂肪酸（Omega-3脂肪酸）」，也許很多人就會恍然大悟。

n-3油脂的代表是鯖魚肚及青皮魚富含的EPA和DHA。

可預防腦中風等血管系統的生活習慣病，強力促進血管健康。特別是EPA具有**降低血管年齡，預防及改善代謝症候群**的作用。

另外，ＥＰＡ、ＤＨＡ還有**預防肥胖、美肌、增強記憶力、強健骨骼**等作用。

ＥＰＡ、ＤＨＡ最好是從鯖魚或沙丁魚等青皮魚中攝取。雖然想建議各位吃生魚片，但寄生蟲海獸胃線蟲可能導致食物中毒，還是加熱吃比較安全。不過，含量會減少。

若採燉煮方式，ＥＰＡ、ＤＨＡ的油脂會流進湯汁裡。

若採煎烤方式，油脂會減少約2成。

若採油炸方式，油脂會流失6～7成。

即便如此，也不必太在意，無論是煮魚或烤魚都能攝取到一日所需的ＥＰＡ、ＤＨＡ。

一塊鯖魚片、一尾中等大小的竹筴魚、沙丁魚、秋刀魚就能攝取足夠的量。

覺得生魚很腥、懶得烹調的人，不妨用**水煮鯖魚罐頭**搭配沙拉或義大利麵。水煮鯖魚罐頭的湯汁可直接使用，能夠充分攝取ＥＰＡ、ＤＨＡ。

除了青皮魚，增進健康的油脂非**橄欖油**莫屬。

雖然橄欖油也是不飽和脂肪酸，但因構造上的差異而被分類為n-9油脂，這是提升血管力不可或缺的油脂。

「地中海飲食」是以南義大利為中心地區流傳的傳統飲食，以雞肉為主，大量使用新鮮海鮮及蔬菜。與日本和食、中華料理並列世界三大健康飲食。

主要原因在於橄欖油的健康效果。橄欖油以**強力抗氧化力**預防老化，對打造**美肌、美髮發揮極大效力**。

橄欖油的健康效果來自占其成分7～8成的「油酸」。相較於n-3油脂，油酸**不易氧化且耐熱**。

一小撮「小魚乾」就能打造易瘦體質！

我們總是攝取過量脂質，而且還是飽和脂肪酸。

漢堡、薯條、披薩等「速食」使用了過多飽和脂肪酸。飽和脂肪酸不但熱量高，而且容易在體內凝固，導致代謝症候群等多數生活習慣病。

控制飽和脂肪酸的攝取是最好的方法。但那只是理想，現實生活中很難做到。因為太多食品都有使用到。

因此，建議各位積極攝取**「維生素D」**。

維生素D有**調整脂質代謝**、**抑制內臟脂肪積存**的作用。

維生素D還能增強肌肉，提高基礎代謝，同時提升免疫力，打造不易累的體質。它也是製造抑制食欲的荷爾蒙「瘦素」的原料，簡直就是**「瘦身維生素」**。

在一般人的認知裡，維生素D是「強健骨骼的維生素」。

然而，2000年後出現新的研究報告指出，維生素D不足會提高罹患高血壓、腦中風、阿茲海默症、糖尿病、牙周病，以及癌症等代謝症候群相關疾病的風險。

還有研究報告指出，「**體內維生素D濃度低的人易胖，且易患代謝症候群**」。

維生素D有6種，當中具有健康效果的是D_2與D_3。維生素D_2可從**香菇、舞菇、木耳**等菇類攝取，D_3則可從**鮭魚**或**青皮魚**攝取。據說維生素D_3的效力比D_2強。

日本厚勞省建議一日攝取量是5.5微克。

為了骨骼健康，應將15微克以上當作目標量，但有8成的女性並未達標。

維生素D必需量的8成是藉由紫外線（曬太陽）在皮膚製造。如各位所知，女性維生素D不足主要是因為防曬。

身體健康的人**每週做兩次日光浴**即可。

上午10點到下午3點這段期間，只要讓臉或手腳接觸陽光5～30分鐘就能製造足量維生素D。紫外線強烈的5月至9月曬5分鐘就好，紫外線弱的冬季是30分鐘左右。

維生素D不足也可從飲食來補充。每天吃**一小撮「小魚乾」**，便可攝取一天的

吃小魚乾補充「瘦身維生素」

維生素D是最棒的瘦身維生素！

1天的
必需攝取量
5.5μg

→

一小撮
（10g）就有
6.1μg！

預防內臟脂肪積存。打造不易疲累的體質。

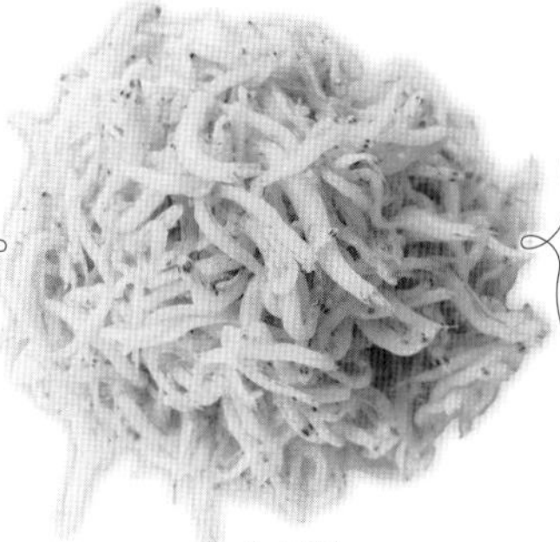

提升基礎代謝，預防生活習慣病、代謝症候群。

小魚乾

這些食材也很不錯！

- ⊙ 鮭魚1／2塊（50g） → 16μg
- ⊙ 沙丁魚乾1尾（30g） → 15μg
- ⊙ 秋刀魚1尾（100g） → 14.9μg

要預防、改善骨質疏鬆症，1天需攝取15μg。

必需量。

若想有效率地達標，可吃**2分之1塊鮭魚**或一尾秋刀魚。鯖魚至少得吃一尾才會達到必需量。

水煮鮭魚或青皮魚的罐頭也能攝取鈣質，可幫助女性預防罹患骨質疏鬆症。

鰹魚、鰤魚等青皮魚富含抑制食欲的組胺酸（Histidine）。有報告指出，常攝取組胺酸的人比較少發胖。

「不變老、不發胖」的咖啡和酒的喝法

有些人剛起床就喝咖啡，甚至連喝2、3杯，一天下來喝了將近10杯的人也不在少數。

儘管有人主張咖啡具有防癌的健康效果，還是要注意。

咖啡所含**咖啡因會帶給腎上腺不好的刺激**，影響「壓力荷爾蒙」皮質醇分泌。

身體健康的人，早上分泌的皮質醇最多。若腎上腺疲勞，就算是分泌旺盛的早晨，分泌量也會變少。

腎上腺疲勞也等於身體疲勞。於是，為了讓大腦和身體清醒，有些人會仰賴咖啡提神。

喝了咖啡就會分泌皮質醇，的確會讓身體變得有精神，但那只是暫時的。當咖啡因退去，皮質醇分泌就會恢復至原本下降的狀態。

若這種情況反覆發生，就會養成「咖啡喝過量」的壞習慣。

有報告指出，咖啡具有各種效果，像是預防血管疾病、大腸癌、肝癌、改善血糖值等。**一天喝3～4杯可望大幅增進健康**。

但另一方面，也已證實**「咖啡因會阻礙鈣質吸收」**。

咖啡因有利尿作用，使得鈣質容易隨尿液排出體外，對骨骼形成造成不良影響。如前所述，攝取過量咖啡因會造成腎上腺的負擔。

說到咖啡因就會想到「興奮作用」，所以有時也會妨礙睡眠。

血液中的咖啡因需要花4小時左右才會減半，因此傍晚之後盡量少喝咖啡。

另外，酒也是必須注意的飲品。尤其是有腎上腺疲勞症候群的人易有**「酒精中毒（酗酒）」**的傾向。

酒精有促進皮質醇分泌的作用，**會對身體造成壓力**。持續飲酒會浪費皮質醇，最後導致腎上腺疲勞，皮質醇分泌減少，陷入低血糖狀態。這麼一來，酒癮會更加失控。

喝酒會讓血糖值急速上升，耗損體內能量。之後血糖值驟降又會變成低血糖，直衝「酒精中毒」狀態。

有腎上腺功能下降的疑慮時，少量飲酒是鐵則。

許多研究結果證實，適量飲酒比滴酒不沾更能**減少血管疾病**。**關鍵在於「量」**。

若飲酒過量成為習慣，不只血管疾病，罹癌風險也會明顯提高。同時大腦也會萎縮，提高罹患失智症的風險。

而且酒精傷肝，會降低肝臟代謝與解毒功能。

酒還有增進食欲的作用，可能導致過食。

下酒菜通常高油高鹽，也就是「代謝症候群的食物」。酒一杯接一杯地喝，增加了內臟脂肪變厚的危險性。

基本上，一天適當的飲酒量是「日本酒1合（180毫升）」，啤酒是中瓶1瓶（500毫升）。這是男性的情況，女性則約一半的量。

不過，酒的魅力確實難以抵抗。

既然如此，那就控制**1週總攝取量**。日本酒1週7合，不要超過這個量，設定

「休肝日」做調整。「酒是百藥之長」的說法，只是喝酒的藉口罷了。

無論是咖啡或酒，都要**避免為了特定的健康目的而喝**。

酒喝越多越會造成內臟脂肪積存和腎上腺疲勞，提高罹患代謝症候群或生活習慣病的風險。

「始終疲勞難消」時，請注意這個食材

不光是酒，有過敏疾病的人也會併發腎上腺疲勞症候群。

儘管會造成傷害，皮質醇仍有助於身體，其中之一就是**「抑制發炎」**的作用。

過敏疾病的處方藥物類固醇是皮質醇的化學合成物質。

立即投予人體沒有的強力成分，可藉以防止氣喘或過敏性皮膚炎。

急性蕁麻疹或食物過敏時，體內會使用大量皮質醇。

因此，**多數有過敏疾病的人可能也有腎上腺功能下降的問題**。

特別要注意的是食物過敏。

食物過敏分為立刻出現症狀的「急性食物過敏」，如蕁麻疹等，以及進食後6～12小時，身體慢慢發炎的**「慢性食物過敏」**。

應該很多人是第一次知道慢性食物過敏。此時身體不會馬上出現症狀，但體內的發炎已逐漸惡化。

在不知情的情況下持續吃「某種食物」就會變成慢性發炎，出現慢性疲勞、渾身無力、心律不整、高血壓、偏頭痛、腹瀉、遍及全身的濕疹等各種症狀。

而且，身體持續受到傷害也會導致細胞老化。

引發慢性食物過敏的抗體（IgG抗體，免疫球蛋白G）是**頻繁吃相同食物所產生的**。許多人都是吃了喜歡的食物或健康食材而過敏。

就算暫時進行飲食控制來減少抗體，又會因為吃了過敏食物而過敏。

為了保養腎上腺，減少食物過敏引起的發炎很重要。

例如，**牛奶**或**起司**所含的酪蛋白、**小麥**及**黑麥**的麩質蛋白會**引發腸黏膜發炎**。

避免攝取酪蛋白或麩質（無酪蛋白、無麩質飲食法）以抑制發炎，就能減輕腎上腺負擔。

引發慢性過敏的食物稱為「觸發食物（trigger food）」。

根據我過去的看診經驗，日本人常見的觸發食物是**「蛋」「乳製品」「麵粉」「砂糖」**。這**「四大觸發食品」**的共通點是人類開始從事農耕及酪農後才攝取的食物。

農耕、酪農的起源是距今約1萬年前的美索不達米亞及中國長江流域。相較於人類漫長歷史，**攝取小麥及乳製品是近期的事**。過去很長一段時間，我們的祖先是以狩獵動物、捕撈魚貝、採集果實當作糧食。

在人類歷史中**新出現的食物，即使有人無法消化也不足為奇**。

急性食物過敏的代表性食物**「蛋」也是導致慢性食物過敏的最大原因**。慢性食物過敏的人只要接受檢查就能知道蛋是否為觸發食品。

假如每天吃蛋，還是感覺疲勞難消，那就試著連續2週不吃蛋以自行判斷蛋是不是造成疲勞的原因。**如果身體狀況有改善，那麼蛋就是造成疲勞的原因**。

排除引發過敏症狀的食物是減少腎上腺負擔的最佳良方之一。

第 **5** 章

「常保青春」的健康習慣

自然治癒力——達成「回春終極目標」的生活方式

不積存內臟脂肪、不累積疲勞與壓力，**是打造不發胖、常保青春體質的訣竅**。

身體本來就具備消除內臟脂肪、疲勞和壓力的能力。

各位應該都聽過**「自然治癒力」**。

天氣熱流汗降低體溫、傷口自然癒合，都是拜自然治癒力所賜。預防、治療疾病的「免疫力」是主要關鍵。

只要提升自然治癒力，免疫力也會提高。請將兩者視為一體。

自然治癒力正常發揮作用，內臟脂肪就不會囤積，疲勞和壓力也會消失。

自然治癒力的好壞會受到生活習慣影響。透過均衡飲食、運動、休息、睡眠、沐浴清潔，就能**達成「回春的終極目標」**。

雖然重點是飲食，但少了運動等其他方面協助，飲食效力就會變小。

自然治癒力正常的身體，身體功能會保持規律運作。

總是在固定時間起床就寢，也在固定時間吃三餐。

「想吃東西時就是進食時刻」，**自然治癒力正常，自然會產生空腹感**。

每天早上在固定時間接觸陽光，讓荷爾蒙血清素分泌變得旺盛。

第2章已提及血清素是能夠穩定精神的荷爾蒙。但血清素其實又被稱為**「幸福荷爾蒙」**。

起床後即使心情鬱悶，為了讓身體動起來，體內會分泌皮質醇。如前所述，皮質醇會抑制血清素分泌。

但是，只要**朝著太陽（陰天時朝著東邊的天空）微笑**，皮質醇分泌量會瞬間下降，使血清素取回優勢。

另外，在固定時間接觸晨光的習慣會引導夜晚荷爾蒙褪黑激素分泌，有助進入睡眠且熟睡。

早晨陽光通知身體一天的開始，將各種身體功能調整為正常規律。

「5分鐘出汗的走路速度」——健走的訣竅

說到年輕，人們總是在意外表部分，但真正重要的是「能動的身體」，還有支持身體活動的「肌力」。

特別是**「強健的大腿（股四頭肌）是年輕的象徵」**，這麼說一點也不為過。增強肌力的主要運動是第1章介紹過的**「間歇性快走」**。中途加上「大步走」，步長「比平常多10公分」，更能增強肌力。

但40歲後，有些人的膝蓋退化，髖關節變得僵硬。這種時候請別勉強自己，先從比平常的步長**「往前多5公分」**開始。

走路速度是**約5分鐘會微喘、出汗的程度**。若覺得累，請換回普通走法。走的時候大幅度擺動雙臂，效果會更好。以3分鐘為一個段落，「快走5次＋輕鬆走5次」，總共走30分鐘，每週進行3～5次。

全身肌肉的3分之2都集中在下半身。間歇性快走特別能夠鍛鍊五處肌肉——大腿正面的股四頭肌、後面的膕旁肌、臀部的臀大肌、腹肌與背肌。這五處的肌肉會維持身體平衡，除了「站、走」等基本動作，對構成各種身體動作有重要作用。

「何時健走比較好呢？」我認為**早晨並非適合運動的時段**。

早晨是睡眠時運作的副交感神經切換至提高活動力的交感神經的時段。突然讓交感神經成為優勢，血管會收縮導致血壓上升。

目前已知腦中風及心肌梗塞是**「起床後1小時內，或是中午前發作」**。有人指出，早上做運動，如慢跑等，會造成危害。

因此，建議各位利用身體穩定的上下班時段、午休時間健走。這個習慣不僅效果好，還會**讓身體由內而外變年輕**。

各位想不想知道自己的持久力到哪種程度呢？

用**「有點累」的速度走3分鐘的距離**，就能知道是否有符合年齡的持久力。

若是沒有計步器或走在不知道距離的場所，就用步長測試。用「有點累」的速度走3分鐘。計算步數，以「步長×步數」換算大概距離。

增加「回春荷爾蒙」的運動

①間歇性快走

以正確姿勢健走！

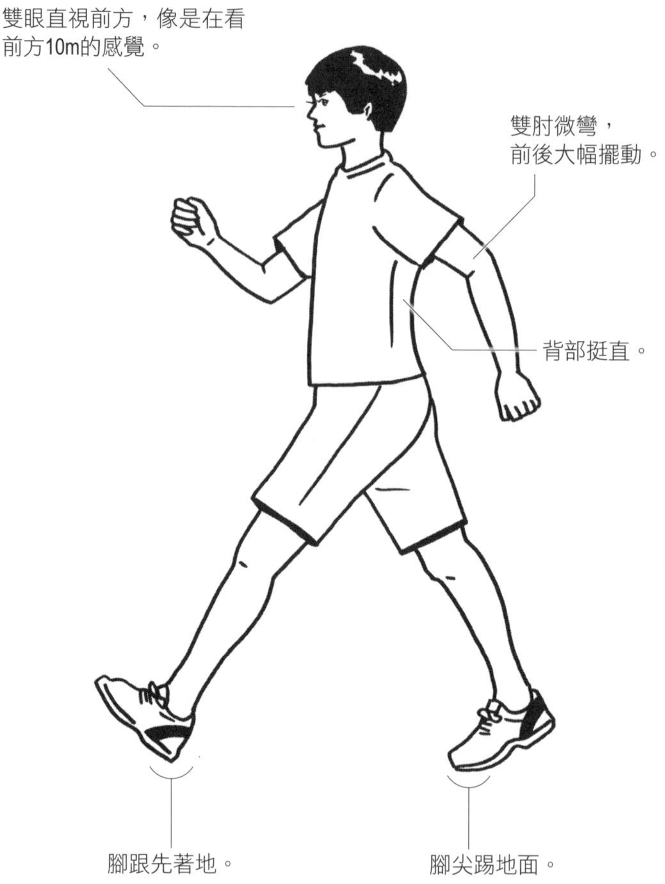
雙眼直視前方，像是在看
前方10m的感覺。
雙肘微彎，
前後大幅擺動。
背部挺直。
腳跟先著地。
腳尖踢地面。

40多歲的人，女性約330公尺、男性約370公尺。

50多歲的人，女性約315公尺、男性約340公尺。

30多歲的人，女性是345公尺、男性約370公尺。

若能走到這些距離，代表全身持久力達到及格標準。這是內臟脂肪最能充分燃燒的速度。

「增加回春荷爾蒙DHEA」的簡單肌肉訓練

肌肉是「產生能量的工廠」。肌肉量變少會影響身體動作。進行肌力（肌肉）訓練時，盡量刺激大肌肉。例如，鍛鍊下半身的肌肉會增加DHEA分泌。

下半身肌力強弱會大大影響我們的健康壽命。若日常生活中很少用到下半身肌肉的話，將來躺在床上生活的時間有可能會變長。

肌肉訓練只做「深蹲」就夠了。覺得不夠的人可以做「伏地挺身」以強化胸肌，做「仰臥起坐」強化腹肌。

三者都是連續10次。重複做3組，每做1組要休息30秒至1分鐘。做的時候「保持自然呼吸，不要憋氣」。

只要做1個月，就會發現身體有所改變。**上下樓梯變得比以前輕鬆**，這表示已經練出肌肉。

另外，做運動設定**「肌肉休息日」**也很重要。尤其是做肌肉訓練的隔天，好好休息、修復受傷的肌纖維，才能強化肌肉。

各位不妨試試看這樣的安排。

星期一　間歇性快走、深蹲等肌肉訓練。
星期二　休息日。好好做伸展操放鬆肌肉，效果會更好。
星期三　間歇性快走、深蹲等肌肉訓練。
星期四　休息日。好好做伸展操放鬆肌肉，效果會更好。

「運動」與「休息」間隔一天持續進行。

星期天轉換心情，外出散步也不錯。最好是走1小時左右，但請量力而為。

順帶一提，伸展操有放鬆肌肉的效果，不管有沒有運動，請每天做。做法請參閱後文的詳細說明。

1

雙腳張開，與肩同寬，
雙手交叉，抱在胸前。

基準

10 次
×
3 組

每做1組
要休息
30秒～1分鐘。

增加「回春荷爾蒙」的運動

②深蹲

強化「青春根源」的下半身！

2
背部挺直。
邊吐氣邊往下蹲。
膝蓋彎曲
呈90度。

像是要坐椅子似的往下蹲。

此外，**「1分鐘單腳站立」**的**運動強度低，效果卻很好**，建議各位每天做。

在雙眼張開的狀態下，左右腳各站1分鐘。

光是這樣做，就有**等同於健走50分鐘的效果**。

其他像是平時少搭電梯或手扶梯，盡量**「爬樓梯」**就能鍛鍊腿部肌肉。

肌肉有著提升免疫力的胺基酸「麩醯胺酸（glutamine）」。只要增加肌肉，麩醯胺酸的儲存量也會增加。

鍛鍊肌肉有助於維持並提高免疫力。

增加「回春荷爾蒙」的運動
③1分鐘單腳站立

做起來輕鬆，效果絕佳！

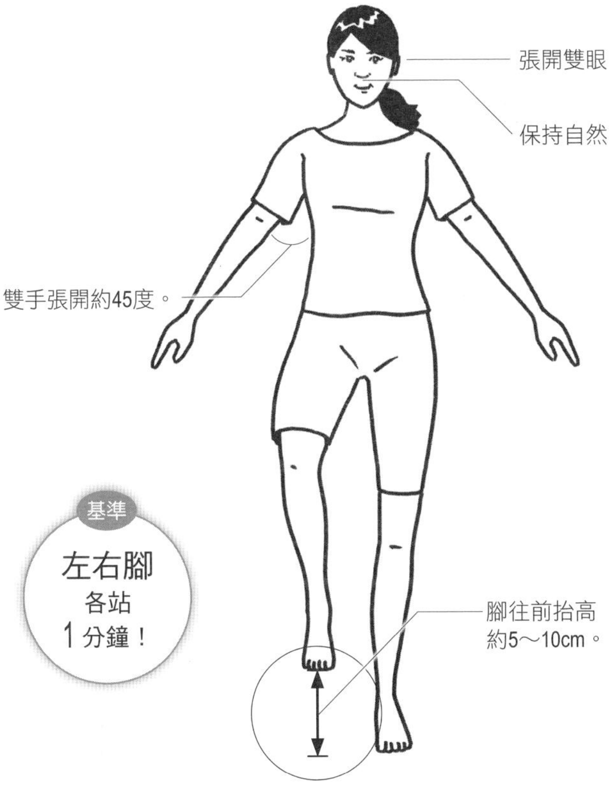
張開雙眼。
保持自然呼吸。
雙手張開約45度。
腳往前抬高
約5～10cm。

基準
左右腳
各站
1分鐘！

抬起一隻腳，保持1分鐘。
等同於「走路50分鐘」的效果！

「啟動副交感神經」的輕鬆伸展操

保養腎上腺利用自律神經的**「副交感神經的作用」**也很有效。

白天皮質醇不斷分泌，使「交感神經處於優勢」。這時候血管會收縮，心跳加快，血壓也升高。

傍晚過後，會從交感神經切換為「副交感神經優勢」的狀態。血管擴張，血壓下降，心跳也漸趨穩定。

「從交感神經切換至副交感神經」若順利進行，晚上就能輕鬆入睡。接下來要介紹的「伸展操」對切換的進行非常有效。

處理文書工作感到疲累時，只要稍微**伸展身體或手臂就會覺得很舒服**，這就是切換至副交感神經的效果。

利用這個作用，趁著白天辦公的空檔做一下伸展操，就能**抑制皮質醇分泌**，有效緩和腎上腺疲勞。

睡前約30分鐘做伸展操會促進血液循環，幫助**身體進入「休息模式」，快速入眠**。

如果睡前做肌肉訓練等強烈運動，讓交感神經變得亢奮，反而難以入眠。

請參考第174～176頁的插圖，伸展「雙腿肌肉」的正面與後面、「胸肌」各30秒。

伸展時的重點是**「不要憋氣」**。

呼吸對於啟動副交感神經的作用也很重要。伸展肌肉的同時，慢慢大口吸氣吐氣。

用力深呼吸會讓支撐肺部下方的橫隔膜上下移動。這樣的上下移動是**切換至副交感神經的開關**。

因此，白天覺得累時，用力深呼吸就會變輕鬆。

比起吸氣，**留意吐氣，呼吸自然會變深**。

有研究結果指出，「壓力大的人容易罹患高血壓」。壓力主要來自人際關係。

避免壓力的最佳對策就是，盡量減少和造成壓力的人見面、說話的時間。

消除疲勞的伸展操

①伸展大腿的正面

放鬆緊繃的肌肉！

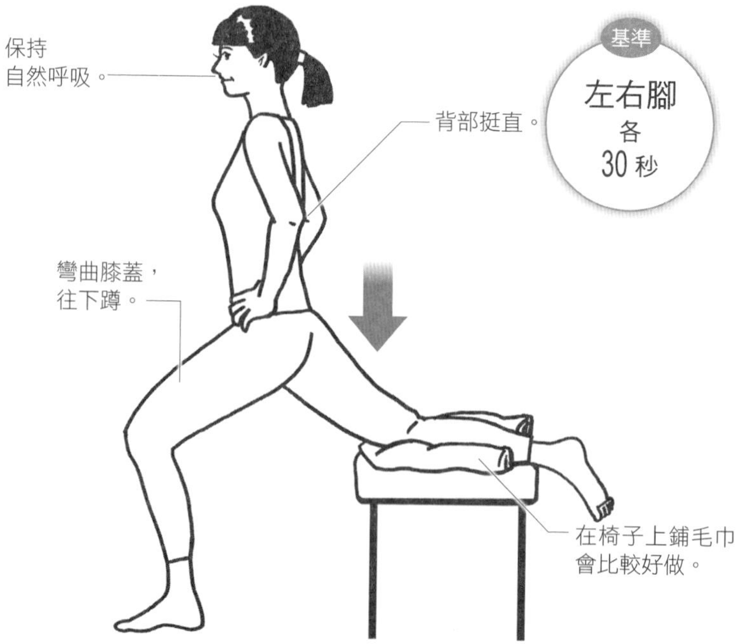
保持
自然呼吸。
背部挺直。
基準
左右腳
各
30 秒
彎曲膝蓋，
往下蹲。
在椅子上鋪毛巾
會比較好做。

左腳向前跨出一步，屈膝往下蹲，
伸展右腿的正面。

消除疲勞的伸展操

②伸展大腿的後面

促進血液循環，變得舒暢輕鬆！

基準
左右腳
各
30 秒

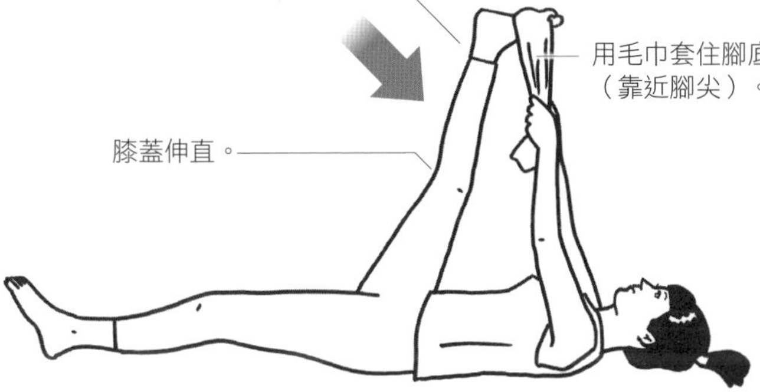
慢慢把腳抬高至「微痛」程度的高度。
保持自然呼吸。

仰躺在地上，腳底用毛巾套住固定。
抓住毛巾兩端往下拉。

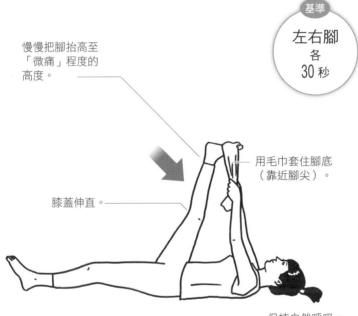

消除疲勞的伸展操

③伸展胸肌

放鬆僵硬的上半身！

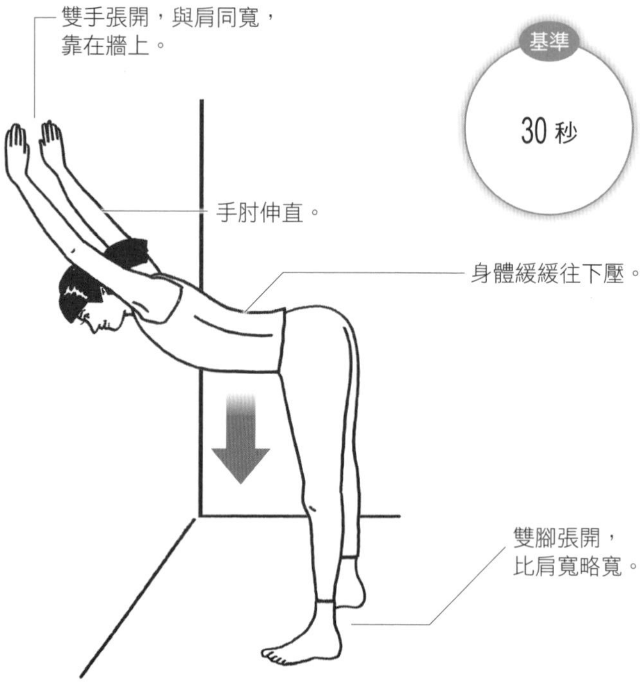
雙手張開，與肩同寬，
靠在牆上。
基準
30 秒
手肘伸直。
身體緩緩往下壓。
雙腳張開，
比肩寬略寬。

手靠在牆上，上半身向前傾斜，
伸展肩膀至胸部。

睡前緩和壓力也很重要。

最有效的方法是，獨處**放空至少10分鐘**。不聽音樂也不看書，不去思考或想任何事，盡可能讓大腦放空。

這就是**「休眼、休耳、休腦」**。

此時也要用力深呼吸。把注意力放在腹部，用鼻子深吸一口氣，再用鼻子慢慢吐氣。這對放鬆身心非常有效。

「讓腎上腺快速變健康」的熟睡法

基本上，保養腎上腺的重點就是「不要把疲勞留到隔天」。**睡眠充足是最佳良方**。

想要熟睡到天亮，控制寢室的照明很重要。

光線對視網膜的刺激會讓交感神經緊張。眼皮是人體最薄的皮膚，可以透光。即使閉上眼，光還是會穿透。

這麼一來，促進睡眠的褪黑激素將無法分泌。在抗老化方面，戴上眼罩，**在全黑環境下睡覺也非常重要**。

因此，夜晚必須想辦法避開白天那樣的光線刺激。

辦公室或超商的照明幾乎都是日光燈，不會產生明顯影子，接近白天日光。除了寢室，客廳最好也裝設橘色的**間接照明**，讓身體更快切換至休息模式。

寢室不要擺電視更是不用說了。

睡前**別讓眼睛接觸到500勒克斯（Lux）**的光線也很重要。電腦螢幕光或超商照明都是1000勒克斯以上。眼睛接觸到那樣的光線會釋出不必要的皮質醇。

目前已知**電腦、手機的藍光會抑制褪黑激素分泌**。睡前收發電子郵件或上網、深夜去超商只會妨礙睡眠，傷害腎上腺。

起床也得留意，**不宜用鬧鐘起床**。

早上的體溫、血壓和脈搏還很低，處於半睡半醒狀態。因為鬧鐘響了而起床，血壓、血糖值、皮質醇分泌會瞬間升高。心肌梗塞的人經常在早上昏倒，這種休克狀態就是原因之一。

對身體最沒有負擔的起床法是，**藉由光線刺激起床**。

當天空漸亮，從窗簾縫隙透入的陽光，或是穿透窗簾的陽光，由視網膜進入大腦而使身體自然醒來最理想。

「放鬆效果絕佳」的暖呼呼泡澡法

夜晚是徹底放下白天的緊張與亢奮，讓副交感神經發揮最大效用的「身心放鬆」時間。

晚上洗澡的時間最好是在飯後腸胃已經進行消化約1小時，**睡前1～2小時最為理想**。

用**39～41度的「溫水」慢慢泡澡**。這麼做就有很棒的放鬆效果。

睡前泡熱水澡，就和運動後身體的深層體溫變高一樣，很難入睡。如果只用蓮蓬頭沖澡會刺激交感神經，無法得到放鬆效果。

在溫水裡泡到脖子的高度，身體會隨著體溫上升而發汗。發汗是泡澡時間的基準，通常是15分鐘左右。

雖然泡澡會讓血壓暫時升高，但最後會因為皮膚末梢血管擴張而自然下降。

泡完澡別忘了補充水分。

泡到脖子是為了**暖和位於喉嚨深處的扁桃腺**，至少要泡5分鐘。千萬不能泡太久，以免發生頭暈、皮膚乾燥等不適症狀。

泡完澡到睡前要間隔1～2小時，讓上升的體溫慢慢下降。睡前30分鐘請做伸展操。這時候，副交感神經的作用會提高，血液循環會變得更好，可以舒服入眠。

「不發胖、不疲累」的熟眠、暢便習慣

要打造不發胖、不疲累的體質，排泄是不可輕忽的事。

對多數女性來說，便祕已成為日常生活的煩惱。**「人生為便祕所苦」**，這麼說一點也不為過。

便祕是食物腐爛殘渣積留在腸內。

腐敗的糞便會產生毒素，這些毒素流入血液中，會讓細胞及臟器的作用變差。若持續腐敗就會變成有害物質，隨著血液運送至全身，提高生病的風險。

不過，為什麼便祕好發於女性？因為女性肌力比男性弱，**推擠糞便的「臍下腹肌」不夠力**。

此外，當壓力造成交感神經處於優勢，運送糞便的蠕動（彎曲運動）力會變得不足。

透過臍下腹肌或蠕動來運送糞便會消耗許多能量，也就是基礎代謝上升。

不過，經常便祕會造成腸道活動力下降，基礎代謝就會下降。新陳代謝也變得不好，自律神經和荷爾蒙分泌失衡。這麼一來，老化會更加嚴重。

女性的身體構造也不易發生蠕動。

因為有子宮壓迫到腸子，加上骨盆變寬，腸子往下移變得不穩定。

女性荷爾蒙之一的黃體素會讓體內積水，腸內水分不足，糞便會變硬，這也是造成便祕的原因。

可促進排便的「膳食纖維」不足也會導致身體容易便祕。

膳食纖維分為**「水溶性」**與**「非水溶性」**。水溶性膳食纖維有助於軟化糞便，使糞便順利通過腸道；非水溶性膳食纖維則可刺激腸壁蠕動，將糞便推擠出去。

水溶性膳食纖維多的食物有海藻、水果、蒟蒻。

非水溶性膳食纖維豐富的食物是蔬菜、豆類、菇類、薯類、根莖蔬菜類。

要對付便祕，攝取這些膳食纖維，同時一天喝兩公升的水很重要。

運動也很有效，但**「熟睡是最好的方法」**。良好睡眠品質能促進腸道蠕動。

輕鬆易做的**「腹式呼吸」**也是好方法。

提高副交感神經作用的腹式呼吸也可取代腹肌運動，提升消除便祕的效果。做法說明如下：

1. 首先，仰躺屈膝，雙腳稍微張開。手放在胸上與肚臍附近。
2. 用鼻子慢慢吸氣，讓氣積留在腹部。
3. 再用鼻子慢慢吐氣。吐氣時的重點是，花費的時間是吸氣時的2倍。

吸氣時，腹部自然鼓起才是正確的呼吸法。請留意別讓胸部鼓起。

腹式呼吸會提高副交感神經的作用，引導身體進入熟睡。最後終能找回更強力的「排便力」。

「45分鐘稍作休息」——40歲起培養「不老化」的休息習慣

40歲過後，如果「太拚命」，會讓內臟脂肪或皮下脂肪變得容易囤積。特別是只顧著工作不休息的「拚命三郎」更要留意。

即使什麼事都不做，體內還是會產生活性氧。工作或運動時更不用說。大腦及身體的活動量增加，來不及提供能量給大腦和肌肉。疲勞往往就在「這時候」來臨。

大腦的神經細胞被活性氧破壞就會產生疲勞。體內細胞也因活性氧受損。受損細胞的功能下降就無法製造充足能量。

專注於工作時，身體自然需要能量。但，身體修復受損的細胞也要使用能量。於是，**「能量供需」嚴重失衡，使身體越來越容易感到疲勞**。

通常女性持久力比男性好，相當吃苦耐勞。

女性的身體為了懷孕、生產會儲存皮下脂肪。因此，肌肉量少，製造能量的能力較低。

既然如此，女性為何能努力不懈呢？

其實，這都要**歸功於身體儲存的「皮下脂肪」**。本該用在懷孕、生產的能量被調用於「努力」工作。

但是，這並非好事。因為**不覺得累就會過度使用身體**。工作告一段落時，疲勞感瞬間襲來就是最好的證明。這種情況好比「敗光財產」。

另一方面，男性將內臟脂肪當作原動力，由於頻繁使用，**馬上就呈現缺燃料的狀態**，所以男性持久力比女性差。

關於專注力的持續時間眾說紛紜，**一般常說是30～45分鐘**（小學一節課的時間）或**90分鐘（大學一堂課的時間）為極限**。也有研究報告指出，根據腦波測量「8秒為極限」。據說「金魚的專注力是9秒」，看來人類的集中力持續時間比金魚還短。

無論如何，**「人類的專注力似乎難以持續」**。

因此，「稍作休息放鬆一下」很重要。

休息過後，除了恢復體力，身體功能也會變好，進而提升工作效率。

以**「45分鐘稍作休息」**為基本原則，請各位記得要適度休息。

尤其是拚命三郎的身體，因為肌肉少、缺乏能量，無法燃燒體脂肪變得容易囤積。另外，血液循環也不好，營養或氧沒能送往全身，所以新陳代謝變得很差。

像這樣，從內臟和肌膚奪取青春，身體就會不斷老化。

太拚命沒有任何好處，該休息的時候就好好休息吧！

中壯年的必需營養補充品「綜合維生素、礦物質」的活用法

健康飲食加上適度運動——是打造「不發胖且常保青春的體質」的基本原則。若**再利用營養補充品**，得到的效果會更大。

營養補充品是補充容易缺乏的維生素和礦物質等營養素的食品。以**「綜合維生素」「綜合礦物質」**為基底的營養補充品稱為「基本營養補充品」。這是調整營養均衡的綜合營養補助食品。

我們從飲食中攝取維生素和礦物質。但，富含維生素、礦物質的蔬菜，含量**比起50年前的蔬菜減少了20～50％**。

因此，我們得服用營養補充品。

維生素作為輔酶，可幫助酵素正常發揮作用。酵素與所有生命活動有關，像是

呼吸、活動肌肉等。

目前已知的維生素有13種，全部具備，身體才會正常運作。綜合維生素、綜合礦物質就包含了全部。

礦物質會幫助細胞及臟器像整備齊全的機械那樣運作。

營養補充品要以**適當的飲食為基礎才會有效**。不吃飯、吃零食裹腹卻依賴營養補充品是錯誤觀念。

更重要的是，**「確實有效果的東西，才是自己真正需要的營養補充品」**。沒有效果的東西，沒必要繼續吃下去。

消除便祕、增強視力、讓肌膚變美麗，即使服用有特定功效的營養補充品，身體若是處於營養失衡的狀態就無法發揮效果。

基本上，維生素和礦物質應該從飲食中攝取。

我們可將營養補充品當作輔助，有效消除青春強敵的內臟脂肪與腎上腺疲勞。

Note

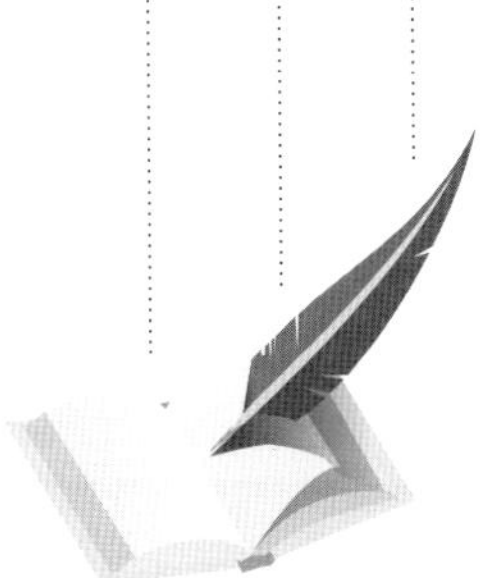

國家圖書館出版品預行編目(CIP)資料

喚醒青春荷爾蒙：啟動身體抗老機制,打造不發胖體質 / 上符正志作 ; 連雪雅譯. -- 初版. -- 新北市 : 世茂出版有限公司, 2021.02
面； 公分. -- （生活健康 ; B487）

ISBN 978-986-5408-42-8（平裝）

1.激素 2.健康飲食 3.健康法

399.54 109018793

生活健康 B487

喚醒青春荷爾蒙：啟動身體抗老機制，打造不發胖體質

作　　者 / 上符正志
譯　　者 / 連雪雅
主　　編 / 楊鈺儀
責任編輯 / 李雁文
封面設計 / 林芷伊
出 版 者 / 世茂出版有限公司
負 責 人 / 簡泰雄
地　　址 / (231)新北市新店區民生路19號5樓
電　　話 / (02)2218-3277
傳　　真 / (02)2218-3239（訂書專線）
劃撥帳號 / 19911841
戶　　名 / 世茂出版有限公司　單次郵購總金額未滿500元（含），請加60元掛號費
酷 書 網 / www.coolbooks.com.tw
排版製版 / 辰皓國際出版製作有限公司
印　　刷 / 傳興彩色印刷有限公司
初版一刷 / 2021年2月
二刷 / 2021年11月

I S B N / 978-986-5408-42-8
定　　價 / 320元

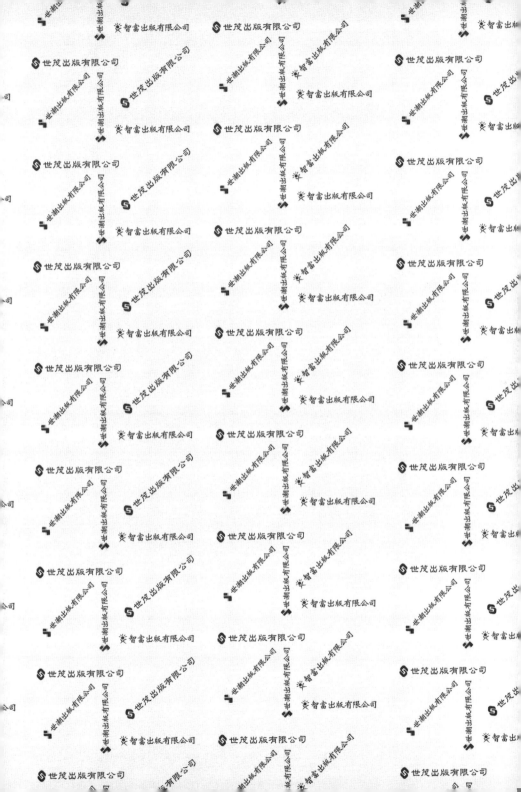